U0232792

中国科普大奖图书典藏书系

宇宙的光荣

潘家铮 凌 晨◎主编

长江出版传媒 ⓚ 湖北科学技术出版社

图书在版编目（ＣＩＰ）数据

宇宙的光荣 / 潘家铮，凌晨主编. — 武汉：湖北
科学技术出版社，2017.4　(2019.11 重印)
（中国科普大奖图书典藏书系）

ISBN 978-7-5352-8404-4

Ⅰ. ①宇… Ⅱ、①潘…②凌… Ⅲ. ①航天—普及读物
Ⅳ. ①V4-49

中国版本图书馆 CIP 数据核字(2017)第 050765 号

宇宙的光荣
YUZHOU DE GUANGRONG

责任编辑：谭 学 军　高 然　　　　　　　封面设计：胡 博

出版发行：湖北科学技术出版社　　　　　电　话：027-87679468

地　　址：武汉市雄楚大街 268 号　　　　邮　编：430070

　　　　　（湖北出版文化城 B 座 13-14 层）

网　　址：http://www.hbstp.com.cn

印　　刷：武汉邮科印务有限公司　　　　　邮　编：430205

700×1000　　　　1/16　　　　18.5 印张　　2 插页　　251 千字
2017 年 4 月第 1 版　　　　　　　2019 年 11 月第 2 次印刷

　　　　　　　　　　　　　　　　　　　　　　定价：58.00 元

本书如有印装质量问题 可找本社市场部更换

我热烈祝贺"中国科普大奖图书典藏书系"的出版！"空谈误国，实干兴邦"。习近平同志在参观《复兴之路》展览时讲得多么深刻！本书系的出版，正是科普工作实干的具体体现。

科普工作是一项功在当代、利在千秋的重要事业。1953年，毛泽东同志视察中国科学院紫金山天文台时说："我们要多向群众介绍科学知识。"1988年，邓小平同志提出"科学技术是第一生产力"，而科学技术研究和科学技术普及是科学技术发展的双翼。1995年，江泽民同志提出在全国实施科教兴国的战略，而科普工作是科教兴国战略的一个重要组成部分。2003年，胡锦涛同志提出的科学发展观则既是科普工作的指导方针，又是科普工作的重要宣传内容；不是科学的发展，实质上就谈不上真正的可持续发展。

科普创作肩负着传播知识、激发兴趣、启迪智慧的重要责任。"科学求真，人文求善"，同时求美，优秀的科普作品不仅能带给人们真、善、美的阅读体验，还能引人深思，激发人们的求知欲、好奇心与创造力，从而提高个人乃至全民的科学文化素质。国民素质是第一国力。教育的宗旨，科普的目的，就是为了提高国民素质。只有全民的综合素质提高了，中国才有可能屹立于世界民族之林，才有可能实现习近平同志最近提出的中华民族的伟大复兴这个中国梦！

新中国成立以来，我国的科普事业经历了1949—1965年的创立与发展阶段；1966—1976年的中断与恢复阶段；

1977—1990年的恢复与发展阶段；1990—1999年的繁荣与进步阶段；2000年至今的创新发展阶段。60多年过去了，我国的科技水平已达到"可上九天揽月，可下五洋捉鳖"的地步，而伴随着我国社会主义事业日新月异的发展，我国的科普工作也早已是一派蒸蒸日上、欣欣向荣的景象，结出了累累硕果。同时，展望明天，科普工作如同科技工作，任务更加伟大、艰巨，前景更加辉煌、喜人。

"中国科普大奖图书典藏书系"正是在这60多年间，我国高水平原创科普作品的一次集中展示，书系中一部部不同时期、不同作者、不同题材、不同风格的优秀科普作品生动地反映出新中国成立以来中国科普创作走过的光辉历程。为了保证书系的高品位和高质量，编委会制定了严格的选编标准和原则：一、获得图书大奖的科普作品、科学文艺作品（包括科幻小说、科学小品、科学童话、科学诗歌、科学传记等）；二、曾经产生很大影响、入选中小学教材的科普作家的作品；三、弘扬科学精神、普及科学知识、传播科学方法，时代精神与人文精神俱佳的优秀科普作品；四、每个作家只选编一部代表作。

在长长的书名和作者名单中，我看到了许多耳熟能详的名字，备感亲切。作者中有许多我国科技界、文化界、教育界的老前辈，其中有些已经过世；也有许多一直为科普事业辛勤耕耘的我的同事或同行；更有许多近年来在科普作品创作中取得突出成绩的后起之秀。在此，向他们致以崇高的敬意！

科普事业需要传承，需要发展，更需要开拓、创新！当今世界的科学技术在飞速发展、日新月异，人们的生活习惯和工作节奏也随着科学技术的进步在迅速变化。新的形势要求科普创作跟上时代的脚步，不断更新、创新。这就需要有更多的有志之士加入到科普创作的队伍中来，只有新的科普创作者不断涌现，新的优秀科普作品层出不穷，我国的科普事业才能继往开来，不断焕发出新的生命力，不断为推动科技发展、为提高国民素质做出更好、更多、更新的贡献。

"中国科普大奖图书典藏书系"承载着新中国成立60多年来科普创作的历史 —— 历史是辉煌的，今天是美好的！未来是更加辉煌、更加美好的。我深信，我国社会各界有志之士一定会共同努力，把我国的科普事业推向新的高度，为全面建成小康社会和实现中华民族的伟大复兴做出我们应有的贡献！"会当凌绝顶，一览众山小"！

中国科学院院士
华中科技大学教授　杨叔子　二〇一二 九·廿八

序一

飞跃群星

李 元

读了这本充满激情和对未来充满向往、既浪漫又严谨的科普著作之后，我也不禁回忆起从事宇宙科学和科普工作的历历往事。

我十分幸运地在太空时代来临的前夕，就和成千上万的观众在北京天文馆人造星空之下到宇宙去做过旅行。那灿烂的星空，世界名曲的旋律，壮丽的宇宙风光，激起观众阵阵的掌声和赞叹……并成为多少人难以忘怀的回忆。这是漫游宇宙的一课，时间仅仅40分钟。

1957年9月29日北京天文馆落成开馆，它不但是亚洲和我国的第一座天文馆，也是我国兴建的第一座大型现代化的科普场馆。北京天文馆也是我为之服务多年并投身科普事业的地方。为了通过它向广大观众展示宇宙的奥秘和人类征服太空的前景，我为星象馆自编、自导和自讲的第一个星空节目就是"到宇宙去旅行"。我相信这是一个和时代同步的永恒主题。

事有凑巧，就在北京天文馆落成开放后不到一个星期的10月4日，人类第一颗人造地球卫星发射成功，开辟了辉煌的太空时代。一时间北京天文馆人山人海，人们争睹宇宙旅行节目，争看天空中的人造卫星。

转眼45年过去了，地球人的脚印已留在月球上，人类的触角越来越远地伸向行星、卫星和彗星,甚至有探测器飞出了太阳系的边界,奔向未知的领域。现在飞翔在太空中的各种专业卫星和太空探测器,不仅为我们的生活和生产提供服务,而且为我们了解太空拉开了一层又一层的帷幕。

中华大地上已经升起了一个又一个的人造地球卫星,"神舟"飞船更实现了载人飞行。不久的将来,中国会向月球以及更远的天体派出有五星红旗标志的太空使者。因此摆在我们面前的这本《宇宙的光荣》就具有特殊的意义。编者从科幻小说和科幻美术作品中得到启发,从现实的角度回顾人类征服太空的历史,对未来做出展望,有理论、有实际、有分析、有见解,是一本非泛泛之谈的作品。书中还特别提及电脑新技术对航天的影响,探讨了地外文明以及外星人问题,颇有新意。

飞跃群星这一理想的实现无疑将是一个漫长的过程。然而,一本具有前瞻性的科普读物对促进这一理想的实现和让人们理解这一伟大事业所起到的积极作用将是无可限量的。

飞向太空不是梦

金　涛

飞向太空，到遥远的星空漫游，一直是人类的梦想。

这个神奇而美丽的梦，不仅使许多科学技术专家为之着迷，也使许多作家和艺术家心驰神往。最早的太空梦是人类童年时代创造的充满浪漫色彩的神话，不论是中国的嫦娥奔月，还是古希腊神话中的奥林波斯山的众神，神仙们上天入地的本领似乎是与生俱来。尽管想象力极其大胆，然而那只是不可能实现的幻想。但这种人类童年时代的太空梦，却成为激发科学家探索空间技术与太空之旅的原动力，当科学技术一旦成熟起来，梦想就将一步步变成了现实。

要实现真正意义上的宇宙航行，飞出大气层，从人类诞生的摇篮地球跃上太空，到遥远的星际去旅行，归根究底是要解决交通工具问题。有趣的是，在探索空间技术与太空之旅的过程中，科幻作家最先以丰富的想象力和思维的创造力描绘了宇宙航行的场景，以致很多开风气之先的科幻作品成为科学技术专家探索太空飞行的向导。虽然凡尔纳描绘用大炮将载人的炮弹发射到月球上，终是不可能实现的幻想；虽然科幻电影中星际之间往来自如纵横驰骋的太空飞行器以及连接过去与未来的时光隧道，至今也只是想象中的奇迹。不过，科幻小说家的大胆想象，正是在一定程度上反映了人类对太空之旅的热忱和期盼。

20世纪以来，科学技术的飞速发展，为空间技术与太空之旅做好了充分的技术准备。

空间技术综合了现代高新技术的最新成就。它的发展逐步解决了诸如航天飞机、宇宙飞船、空间站、登月舱等的动力、材料、通信、自动控制、空间生存环境以及太空之旅可能遇到的其他技术难题。凝集几代科学技术专家智慧结晶的各种航天飞行器具有了挣脱地心引力的速度，真正将太空梦变成现实……

当然，这一切还仅仅是开始。尽管人类今天已经登上月球；成功地向火星发射了探测器；国际空间站正在太空正常运转。但是，从"挑战者"号的悲剧和最近"哥伦比亚"号航天飞机的失事，说明人类还要克服很多困难，攻克许多技术难题。要飞出太阳系，真正实现星际之间的太空之旅，摆在人类面前的还是一条充满艰险而漫长的探索之路。尽管如此，人类对于太空之旅依然充满信心，即便仍会遇到意想不到的挫折和困难，人类飞向太空、探索宇宙奥秘的决心是绝不会动摇的。

特别令人欣喜的是，随着我国载人宇宙飞船的成功发射和登月计划的实施，中国进入了太空时代，中国人的太空梦也终于实现了。在这个激动人心的时刻，《宇宙的光荣》这本书出版了，相信会受到广大"太空迷"的喜爱，而且一定会激励更多的有志者投入探索宇宙奥秘的行列。

序曲 仰望苍穹

最叫亚兵觉得奇异的,是他居然在这黑漆漆的夜里看到一轮光耀夺目的太阳,喷着火焰、镶着玫瑰色的日珥的太阳;同时他又看到了离开太阳不远处一弯窄窄的娥眉月。那实际上是一个"娥眉"般的地球。

这真是不可思议的瑰丽和神奇!亚兵不由得闭上了眼睛,但他立刻又睁开来了。他无法把自己的目光从这壮丽的宇宙奇景面前拉开。他当然知道,在地球上,由于厚厚大气层的阻隔,所以在太阳朗照的白昼,星星是不会出现的。然而在宇宙空间,就再也没有什么白昼、黑夜了,天空永远是黝黑黝黑的,每一颗星星都像浮动的宝石,而银河,正在不出声地流淌……

郑文光《飞向人马座》

人类的宇宙纪元始于1957年。

在此之前,人类经过了几千年漫长的等待和探索。自人类走出山洞,那天上的明月和迷蒙的群星就被他们遥望、向往。无数人在深夜企盼,于是有了奔月逐日的神话,有了七夕银河的浪漫爱情故事。然而,神仙们并没有送来升天灵药,人类还是只能凭借自己的力量走出这温暖的地球摇篮。

古时,征服群星的梦想仅仅停留在神话中。古希腊人幻想伟大的英雄将会不朽,他们的身躯化为星座,永远闪耀在幽蓝的天幕上。中国古人的幻想更为不羁,不仅在天庭建立了一个有序的世界,而且这个世界可以被接近、被征服：高居第33重天之上的玉皇大帝会为一只猴子不安；西王母赐下的长生药吃多了就能飞升；更有人间的英雄后羿，向天发射神箭，射落下9个太阳。

像鸟儿一样飞翔是人类自古的愿望　　　　　　马王堆出土的奔月图

是的，弓箭这人类最早的远程武器在不知不觉中就被赋予了征服星空的重任。人们发现，普通的箭飞行一段距离后总还是要落回地面，即使安装火药推进器以提高射程的火箭也不例外。唯有飞禽可以长久高飞不落。大胆的飞行梦想家们意识到那是翅膀的力量，于是他们把火药推动的箭和依靠空气动力飞行的翅膀结合起来，这就是著名的"万户实验"。

那是600多年前的中国明朝，一个风和日丽的早晨，万户手持两个大风筝，坐在捆绑了49枝火箭的椅子上，希望由此成为世界上第一个乘火箭升空的人。可惜这样的简单组合飞船无法成功，他因此

中国的原始火箭

殉难，但他的勇气令人敬佩。后人将一座月球环形山命名为"万户"，以表达对他的崇敬之情。

万户试验

后人为万户修建的纪念雕塑

看来，仅仅依靠勇气，飞天之梦是无法实现的。科学技术才能帮助人类实现夙愿。人们需要清楚大气对飞行的作用，需要掌握飞行的原理和技术，需要等待材料力学等大量科学技术水平的提高。

但梦想不愿等待。万户试验的失败并未能阻止人们探索空间的步伐。既然依靠自身的力量无法实现遨游太空的梦想，那么只能求助于上苍。尤其是在遥远的传说中人和神明还很接近的年代，人们相信自己虔诚的祈祷可以感动上苍。那在冥冥之中决定天地命运的大神总有一天会帮助他们实现梦想。这些怀抱希望的人们便成为最早一批星空观察者,他们喜欢称自己为"占星术士"。

有没有人住在天上？这些人的文明程度可与我们匹敌吗？或许,他们的文明已经远远超过我们,甚至能够主宰我们？古人对天空怀着深深的敬畏之心,只有神仙才能居住在天上,也只有神仙才能够自由自在地飞翔于九天之上。这些神仙教地球人种植与酿造,保佑他们繁衍生息、子孙满堂。唯一让我们的祖先怀有些许不满的,是神仙们似

我国保存至今的10世纪古星图

乎从未真正降临,也未曾光明正大地带走过哪怕一个虔诚的信徒。其实从来就没有什么救世主,神仙也不过是一种虚无缥缈的想象。掌握地球人命运的始终是地球人自己。那些充满自信与探索精神的人们,坚持不懈地仰望星空,用他们的真诚,用他们锐利的眼睛,用上天赐予和自己双手创造的一切可用工具,直到把这迷梦般的苍穹看个清清楚楚。

西方占星术士在研究星空

就在这日复一日、年复一年的仰望中，占星术士被历史湮没，天文学家诞生了。

与其他科学相比，天文学最大的特点就在于它是一门观测科学而不是实验科学。我们不能把太阳拿到手里来仔细观察，也不能把星星放在解剖台上看看里面有些什么。除了掉在地球上的陨石可以拿来实验外，其他所有的天体和天象都是看得见摸不着的。它们的信息以辐射为载体向外传播，这些辐射包括可见光和不可见的无线电、微波、X射线、γ射线、红外线、紫外线等电磁波。获取并分析天体辐射信息是天文学家最基本的研究方式和手段，但绝大多数天体的辐射都因其距离极为遥远而极其微弱。为了观测这些微弱的信号，必须拥有强大的观测仪器。

早期天文学家可以仰赖的观测仪器唯有自己的双眼，星空对他们来说是一个神秘世界。更多的时候，是想象力代替了观测，于是天界有了嫦娥桂树、雄狮猛虎，也有了执剑武士、弹琴少女，有了泪水凝集的七夕和鼓乐笙歌的蟠桃宴会，却无法给人们心中那不灭的飞天梦想一个明确答案。直到望远镜发明以后，人们才终于看清楚，原来高挂在天空中的，不过是些大大小小、冷的或热的、球体或非球体的星星。

失望吗？也许开始会有一点点儿，但天文学的进步随即为人们提供了更值得激动的好消息：天界和人界本来就是一样的！在那群星之中，也许就有适合我们居住的家园！

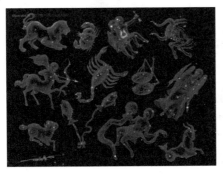

西方人将星空分成很多星座

星空深处的景象只有
强大的观测仪器才能看到

牛顿的望远镜

伽利略的望远镜

18世纪的天文望远镜

登天的梦想再一次被点燃了，这次不是虚幻的想象和没有理论根据的盲目尝试，19世纪以来用现代科技武装的人类决定排除万难，依靠自己的双手重新打造登天之路。他们企盼着这次可以用光辉的胜利来证明自己作为万物之长的尊严。

当望远镜让天文学家们看清星空的同时，这些追踪群星的人们也开始了另一项伟大的事业。这其实是他们很久以前就开始尝试的，那就是探寻天界的规律。开普勒"行星三定律"粗看似乎只是个数学游戏，但敏锐的人们很快发现，它所蕴涵的，正是宇宙中最基本的法则"万有引力"，并且这法则无论在地面上还是在星空中，都有着同样的形式。

好了，这就足够了，我们不必继续等待神仙们的恩赐，因为我们发现自己也有资格做神仙。我们的箭仍然不能遨游天界，甚至加上火药和翅膀的力量也不一定能成功，它还不够快。但这不是什么严重问题，因为我们有办法知道箭的速度究竟要多快才能向天界送去一个问候。靠着那条看似平凡的引力定律，加上在地面上的实验和一点点的计算，我们得出：环绕地球飞行、永不坠落的箭速要快到每秒7.9千米，这个速度被称为第一宇宙速度，相当于每秒钟绕400米标准操场跑20圈；如果再快些，要脱离地球引力进入环绕太阳的轨道，则需每秒11.2千米的第二宇宙速度，北京到上海的高铁用这个速度开就仅需2分多钟；再快点儿呢？把箭加速到每秒16.7千米的第三宇宙速度吧，那它会脱离太阳引力，成为宇宙中和恒星同等级的天体。以第三宇宙速度飞行，从地球到月球只要6个多小时。事情就这么简单，只要你跑得足够快，你就是神仙。现在我们真的离天界只有一步之遥了，只要有一支够快速的箭。哦，炮弹也可以。既然炮兵早已在战场上淘汰了弓箭手，在实现登天梦想上他们也该能出点儿力吧？至少科幻作家儒勒·凡尔纳希望炮兵这么干。1865年，儒勒·凡尔纳创作了科幻小说《从地球到月球》。书中的主人公依靠一门超级大炮的弹射获得了高速度。只是作者忘记了人无法承受炮弹发射的冲力。

在儒勒·凡尔纳笔下，人类乘坐炮弹实现了飞上月球的梦想

　　更为可行的方法还是要依靠火箭。由神话到现实，人类的太空梦想逐渐清晰了。这个梦想里也有我们中国人的一部分。令人欣喜的是，经过几十年的艰苦努力，我国太空事业得到了极大发展，航天技术已处于世界领先地位。而今，"神舟十一号"飞船载人飞行成功，我国航天员们在"天宫二号"空间站生活30天，意味着中国航天将开始新的历史篇章，展开中华文明史上的又一段辉煌。

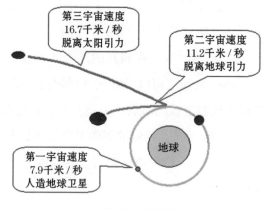

宇宙速度示意图

史诗篇　冲出大气层

他对我说："往下看看大地，大地像什么？再看看大海，大海像什么？"

大地像一座高山，大海像一个湖泊。

他又飞了四个钟头，然后对我说："往下看看大地，大地像什么？再看看大海，大海像什么？"

大地像一座花园，大海像一个花园里的水道。

他飞得越来越高，又飞了四个钟头，然后说"往下看看大地，大地像什么？再看看大海，大海像什么？"

大地像一碗面糊，大海像一条水槽。

苏美尔史诗《吉尔伽美什》

1.太空先驱者：早期的理论与实践

不仅仅是凡尔纳，还有许多科幻作家们描绘着人类的太空之梦，这其中有正面描写，也有如H.G.威尔斯的《大战火星人》那样的"恐怖作品"。当人们发现星星并不是神仙的天堂，而是如地球一般的球体时，神仙消失了，外星人之谜随即诞生。尽快离开地球，到其他星星上去开疆扩土，探访未知的外星种族，成为整个人类的梦想。

有了对宇宙速度的认识，遨游太空便成为一个纯技术问题。到了19世纪，数学、物理学、化学、材料科学和机械学已取得长足进步，化学和机械工业已能为航天事业提供可用的燃料、动力装置、控制系统和机身结构，进军太空的物质条件实际上已经齐备。那些瑰丽的飞天神话不得不开始退出历史舞台，而基于物理原理和数学计算的设想与科学幻想则大行其道。天时地利人和，只待飞翔的时刻了。

这一天终于在1903年到来，莱特兄弟的双翼飞机哒哒作响地升上天空。短暂的59秒，使人类第一次体会到飞翔的滋味。然而，仅仅在地面附近飞行还不能接近星星。

也是在1903年，俄国教师齐奥尔科夫斯基发表了他著名的论文《利用喷气工具研究宇宙空间》，提出影响甚广的火箭公式。他通过计算得出，火箭能够达到的最高速度、喷气速度及火箭起飞重量和燃料耗尽后的重量之比有关，并提出可用多级串联火箭实现单级火箭难以达到的速度。这篇论文奠定了现代火箭发展的基础。

宇宙先驱齐奥尔科夫斯基

1919年，美国人罗伯特·戈达德用复杂计算说明，登月火箭是可以制造出来的。他计算出第一宇宙速度的大约值为每秒7～9千米，这一成就却只得到公众的嘲笑，被当成了胡思乱想。

1923年，德国人赫尔曼·奥伯特发表了一本公式连篇的小册子，他是研究儒勒·凡尔纳的专家兼物理学家。奥伯特的小册子名为《奔向太空的火箭》，他希望这本小书成为宇航技术的初级课本。奥伯特坚定地相信："在一定条件下会出现一种效率特别高的飞行器，它能轻而易举地飞抵另一个陌生的天体"。很自然的，奥伯特画出一张包括了太空导弹的宇航站草图。这本书激起了公众对航天事业的浓厚兴趣。

赫尔曼·奥伯特和他主导设计制造的火箭

1926年，3月16日，在姨妈农场里深居简出的戈达德人品爆发，他成功点燃了一支液体驱动火箭。这为他获得了美国"火箭之父"的称号。

罗伯特·戈达德，身后就是他设计的火箭

1930年，赫尔曼·奥伯特设计制造了欧洲第一种锥形喷嘴火箭发动机。

1931年，在奥地利的舍克尔山，弗里德里希·施密德尔点燃了第一支邮政火箭，并成功地把102封信发射出去。与大多数雄心勃勃的研究者不同的是，施密德尔害怕这项新发明会被用于军事，所以他像科幻小说中描述的那些善良的科学家一样烧毁了设计资料。

但历史前进的步伐谁也阻拦不了。对火箭的研究工作并没有因此迟滞。业余火箭爱好者的活动很快就引起了国家机构的重视，更多人力、物力投入到火箭研究开发之中。最优秀的工程师聚集起来，图纸很快就被转化为成品。科学家建立起风洞和实验室，并研制出电子模拟计算器，完善了陀螺仪控制技术、无线通信技术和精密水泵。

至此，已是万事俱备，只欠东风，现代火箭需要的一切理论和技术条件，都已成熟了。

从火箭技术成熟到走进太空，人类还需要再等27年。火箭先驱们的成就起先并未引起人们足够的重视，直到第二次世界大战爆发，现代火箭首先作为武器应用在战场上，成为令伦敦居民为之胆寒的V-2导弹，才为世人所识。

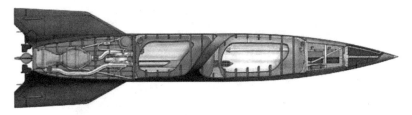

V-2 火箭剖面示意图

V-2 火箭

初期的火箭这样运输

　　V-2 的设计者冯·布劳恩是奥伯特的学生。战后他移居美国，成为最著名的火箭专家之一，美国第一颗人造地球卫星的研制者，以及阿波罗登月计划研制的核心成员。是冯·布劳恩的倡议、努力、说服力和感染力，才使我们能在那么早的时间前往月球。

冯·布劳恩于 1964 年 5 月在马歇尔太空飞行中心办公室内

冯·布劳恩站在土星5号运载火箭所用的F-1引擎前留影

　　就在美国人意识到火箭作为武器的重要性，并开始全面研究改进V-2导弹的同时，苏联人也不甘落后，利用缴获的战利品迅速成立了火箭研究机构，它的领导人，就是生前无名，死后被授予殊荣的火箭专家科罗廖夫。

科罗廖夫　　　　　　　　　　加加林与科罗廖夫

1957年10月4日，世界上第一颗人造地球卫星从苏联发射升空。

第一颗人造地球卫星"探险者"

1961年4月12日，世界上第一艘载人飞船"东方号"载着苏联的也是人类的第一位宇航员尤里·加加林遨游太空，并安全返回地面。人类进入太空的梦想，至此终于实现了！

作为第一个进入太空的人类代表，加加林获得了数不清的勋章和荣誉，成为人类的第一个太空英雄，并因此为后人所铭记。

不幸的是，他在1968年3月27日的一次飞行中，因飞机坠毁而遇难。虽然他已从宇航员队伍中消失，但加加林的名字和他的开拓精神将永存于世，成为鼓舞人们进行太空探险的一面旗帜。

加加林

加加林：我受命进行历史上第一次航天飞行，可以做出人类航天飞行能成为现实可能性的结论。"东方"号飞船的飞行好像是本世纪的奇迹，但奇迹是不存在的，存在的是实际情况。航天飞行不是某一人或某一伙人的事。这是人类在其发展中合乎规律的历史过程。

加加林所乘坐的"东方号"宇宙飞船

在飞船中的加加林

2. 人类的一大步：太空探索的半个世纪

得到最初成功的鼓舞，也是为了在冷战环境下显示国力，压制对手气焰，美苏在20世纪中叶展开了前所未有的太空竞赛。一个又一个千古梦想被实现，一个又一个太空目标被征服，人类的太空事业似乎一片光明。

1965年3月18日，苏联宇航员列昂诺夫实现人类第一次太空行走。

1969年7月20日，美国宇航员登月成功。

1971年4月19日，苏联发射了第一座载人空间站"礼炮1号"。

1981年4月12日，美国第一架航天飞机"哥伦比亚"号发射成功。

至此，人类飞向太空的尝试，可以说已取得了完全的成功。人类正式进入利用和征服太空的时代。但是，这个时代却没有遵照科幻作品所开列的时间表那样迅速发展。直到目前，人类仍然在地球这个摇篮中苦苦挣扎。

列昂诺夫在舱内漂浮

列昂诺夫

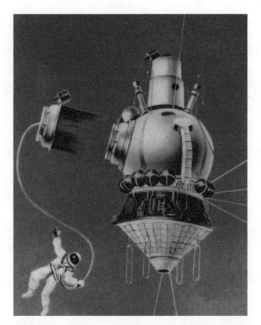

"上升2号"飞船，人类的第一次太空行走模拟画面

"礼炮1号"空间站与"联盟11号"飞船对接成功

正在运行中的国际空间站

人类第一架航天飞机"哥伦比亚号"

伟大的工程："阿波罗"登月行动

　　"阿波罗"载人登月计划始于1961年5月，1969年7月20至21日首次登月。此后，美国又相继6次发射"阿波罗"登月飞船，其中5次成功，共计有12名宇航员登上月球。到1972年12月结束，整个计划历时约11年，耗资250多亿美元。高峰时期参加该计划的有2万家企业、200多所大学和80多个科研机构，总人数超过30万，这是20世纪人类最宏伟的工程之一。

　　为进行载人登月，美国实施了4个辅助计划：1961—1965年首先发射9个"徘徊者"月球轨道器，以了解月面着陆的可能性；1966—1968年发射5个"勘探者"月球着陆器，了解月球土壤的理化特性；1966—1967年发射3个"月球轨道环行器"，对40多个预选着陆地点进行详细观测，选出10个登月点；1965—1966年发射10艘"双子座"飞船，进行生物医学研究和飞船机动飞行、对接及舱外活动训练等。

　　在这些预备工作之外，为了实施"阿波罗"计划，美国专门研制了运载力为127吨的低轨道大推力"土星5号"运载火箭。

"土星5号"火箭即将起飞，这是人类迄今最大的重型火箭

研制"阿波罗"飞船是计划的"重头戏"。飞船的指挥舱是宇航员生活和工作的地方,也是控制中心;服务舱装有主发动机等系统;登月舱分为下降级和上升级两部分。

首次载人登月由"阿波罗11号"飞船完成。当时飞船上共有3人。飞船在低轨道与"土星5号"火箭第三级分离,沿过渡轨道飞行2天,接近月球,此时飞船服务舱的主发动机减速,使飞船进入环月轨道。接着,两名宇航员进入登月舱,驾驶登月舱与飞船分离。飞船指挥舱内的另一名宇航员继续驾驶飞船绕月球轨道飞行。登月舱在月面着陆后,登月的宇航员采集了22千克的岩石和土壤样品,展开了太阳能电池阵,安装了月震仪。任务完成后,他们乘登月舱的上升级返回月球轨道,与飞船对接,安全返回地球。

"阿波罗11号"在月球上降落的画面,通过电视对全球进行了转播,数以亿计的人们有幸目睹了这一历史的创举。从此,登上其他星球不再是科幻小说的胡思乱想,越来越多的青少年决心加入征服外星球的队伍之中。

1969年11月至1972年12月,美国又陆续发射了"阿波罗12号"至"阿波罗17号"飞船,其中除"阿波罗13号"因故未能登月外,另五艘飞船均成功登月。"阿波罗15号"至"阿波罗17号"的宇航员还驾月球车在月面活动,并采集了岩石标本。宇航员一共带回来400千克月岩样品。科学家在仅仅3米长的月球岩芯中,发现月岩多达57层,每一层代表一次陨石冲击;科学家还测量了月球内部发出的热流……

敬礼! 向全体人类

阿姆斯特朗在月球上踩下的第一个人类脚印

阿波罗号"登月船接近月面,地球在上方闪烁

迟缓的脚步：比金子还贵重的飞船

科幻小说家设想中的21世纪初太空开发,远远超过了现在真正达到的水准。小说家的设想从技术上来说几乎都是可行的,那么究竟是什么原因阻碍了人类航天事业的发展呢?

最大的制约因素,说穿了只有一个字:钱。

宇航是高投入的科技活动,截止目前,所有的航天器都造价昂贵。"阿波罗"计划花费250多亿美元,动员了超过30万人参与。第一架航天飞机"哥伦比亚"号的目的是节省费用,但该计划的实际花费达到了天文数字的100亿美元。火箭类航天运载器多数为一次性使用,花费巨资建造的运载装置使用一次就彻底报废,对资金和各种资源都是巨大的浪费。即使设计作为"多次使用"的"低价"运载器航天飞机,由于设计和应用中的诸多问题,运载进入近地轨道的每千克费用仍然过高。

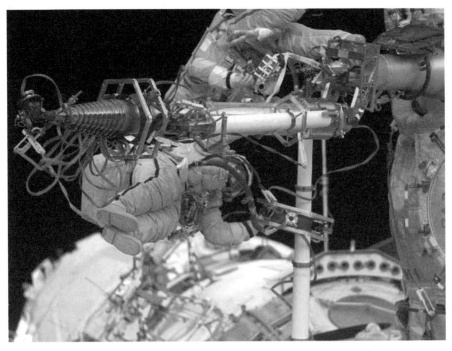

俄国宇航员维修国际空间站

由于维修费用昂贵以及设备老化，国际空间站将在2020年前后坠入地球大气层烧毁

第一个进入航天器太空旅游的美国富翁蒂托，总花费为2000万美元。如以他的体重加上必需品总计100千克计算，商业运载每千克重量到近地轨道漫游数天，竟然要花费20万美元。这个数字不仅普通工薪阶层绝对无法接受，就连国力稍差一点的国家，也是无力承受的。这就决定了航天事业只能由世界上少数几个强国来发展。

太空旅游第一人：丹尼斯·蒂托

然而，由于历史原因，这些国家的航天项目并不是互助和互补的，更多地表现为互相竞争、互相重复。追究其根本，一方面是冷战时期两大阵营的全面对立，另一方面也由于太空本身具有巨大的军事潜力。这种状态非常不利于太空探索的深入。最后，由于各国政府对航天的投入远少于军备竞赛的投入，太空作为人类可以自由来往的疆域尚需时日。虽然国际联合开发太空的趋势已经逐渐明朗，或者我们可以期待一个太空事业大发展的未来，但从国际空间站的经历来看，这种合作的效率还太低。相当一个时期内，恐怕仍然只能指望各国自己的努力。

航天飞机为国际空间站运送给养

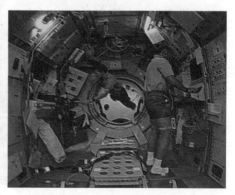

在航天飞机上开展科学研究

航天器进入地球轨道目前主要依靠化学火箭发射。除一次性使用的火箭外,还有一种曾经被广泛应用的运载工具就是航天飞机。20世纪60年代发展起来的载人宇宙飞船虽然在突破载人航天技术中起到了重大作用,在载人登月中立下了不朽功勋,但在实际飞行中还存在着多方面的不足:飞行时加速度太大,常人难以忍受;着陆时不好控制,返回点偏离预定着陆点往往有十几甚至几十千米,给着陆区的选择和着陆安全都带来较大困难;飞船在返回大气层时,座舱外面的防热层大部分被烧毁。因此,一艘载人飞船飞行一次就报废了,不能重复使用,其使用费十分高昂。

科研人员在航天飞机中

苏联和平号空间站指挥控制中心,空间站已经坠毁

　　为此，美国在20世纪60年代末开展了航天飞机的方案研究。1972年，当苏联将载人航天的重点转向空间站时，尼克松总统批准了美国国家航空航天局（NASA）提出的研制航天飞机计划。航天飞机既不同于一般的运载火箭，也不同于通常的载人飞船。它是一种能够部分重复使用的，并且可在太空与地球之间来回往返的新型航天器。它起飞时像火箭，靠强大的推力垂直发射；进入轨道后似卫星或飞船，在地球轨道上持续运行；返回地球时又仿佛飞机，更准确地说像滑翔机，水平着陆，可以在一定范围内选择着陆场。在功能上，它同时集成了运载火箭和载人飞船的特点，既可以将卫星、科研设备等有效载荷送上太空预定轨道，又能在绕地运行过程中从事观察、科研、生产、修理等各项太空业务。设计专家的良好愿望，是要这种航天器集中火箭、卫星和飞机的优点，尽力克服它们的不足，成为较理想的太空交通工具。

航天飞机发射场

航天飞机转场

美国经过十几年努力，耗费200多亿美元，先后研制了样机"企业"号以及"哥伦比亚号""挑战者号""发现号""亚特兰蒂斯号"和"奋进号"五架实用航天飞机。其中，"挑战者号"在发射升空时因助推器故障失事；"哥伦比亚号"在完成任务，返回地球过程中解体。到"哥伦比亚"号失事为止，各架航天飞机已先后升空执行了100多次飞行任务，每次能把20多吨有效载荷（卫星、太空设备、油料、食品等）送入地球近地轨道，也可从太空近地轨道带着10多吨的货物（回收的卫星和太空产品等）返回地面，而且一次能在轨道上逗留10～15天，"奋进号"最长的一次在轨时间达到了28天。

航天飞机的用途很广，机组人员能像在飞船上一样从事卫星的发射、回收、调整、修理和加注燃料等各项业务。1993年12月2日至13日，"奋进号"航天飞机还执行了一次被认为是自"阿波罗号"登月以来最艰难的太空飞行：前往太空检修"哈勃"望远镜。为执行这次任务，美国国家航空航天局对精选的7名机组成员进行了长达一年多的专门培训，其中有4人还在可模拟太空失重状态的水下演练过400多个小时。即便如此，宇航员用可以承受得起每平方厘米2.8牛顿压力的多层手套在太空修复"哈勃"时，每完成一个细小动作也都是非常艰难的。他们经过了一个星期才完成了工作。

航天飞机上的宇航员在太空中维修哈勃太空望远镜

据统计，仅仅在1981年4月12日"哥伦比亚号"航天飞机首次升空到1991年4月11日"亚特兰蒂斯号"顺利返回地面这10年之间，航天飞机就执行了39次累计总飞行距离达1.5亿千米的飞行任务，几乎相当于从地球飞到了太阳。参加这些任务的宇航员共有122人，199人次，其中有12名女宇航员。这些宇航员在轨道上停留的时间累计虽然只有230天，却进行了包括"星球大战"有关项目在内的大量科学实验，向深空发射了"麦哲伦""伽利略"和"尤利西斯"探测器，还释放了"哈勃"太空望远镜和46颗（其中6颗失败）总重达544吨的各类卫星。利用航天飞机送入太空的物质总重达4536吨，占当时全世界送入太空物质总量的40%，而发射次数仅占全世界总发射次数的4%。这些数字从一个侧面表明了航天飞机在航天中的重要作用。

但非常遗憾的是，由于航天飞机仅能实现部分重复使用，可重复部分的发射寿命也十分有限，这使得航天飞机的造价和维护过于昂贵，美国终于在2011年停止使用航天飞机。美国30年航天飞机时代宣告结束。对此伤感的公众，甚至发出了"太空时代终结"的叹息。

退役的航天飞机

3.飞天梦成真:中国航天人在行动

在国际宇航舞台上,应该有中国航天人的洪亮声音。中国航天事业从1956年开始,经历了将近半个世纪的发展,取得了举世瞩目的成就,形成了一整套完整独立的研发体系,积累了丰富的经验,为中国人在21世纪的空间漫步,打下了坚实的基础。

经过几代中国航天科技人员的努力,中国已跻身于世界太空大国的行列。航天产业在自身迅猛发展的同时,也带动了电子信息、生命科学、新能源、新材料等高新技术产业的发展,促进了中国国民经济的增长,有效地增强了国防实力和综合国力,保障了国家的经济安全。中国航天人的丰功伟绩必将永载史册。

2016年6月25日,"长征七号"运载火箭从海南文昌航天发射中心首次发射,成功将载荷送入预定轨道,任务取得圆满成功。这是我国载人航天工程为发射货运飞船而全新研制的新一代中型运载火箭。箭体总长53.1米,芯级直径3.35米,捆绑4个直径2.25米的助推器,近地轨道运载能力不低于14吨,700千米太阳同步轨道运载能力达5.5吨。这个大家伙设计理念比较先进,将在未来承担起我国80%左右的发射任务。目前,我国已经成功研制出"长征一号"到"长征七号"七个系列的27种运载火箭,向太空发射了用于技术试验、科学实验、空间遥感、气象、通信广播等的多类卫星,形成了航天器、航天运输系统、航天器发射场、航天测控网和应用系统相互配套的完整体系。

"长征七号"运往发射台

中国长征系列运载火箭模型

  我国航天事业,比较美苏起步较晚,1970年,我国才成功发射了第一颗人造地球卫星"东方红一号"。但那个时代太空中只有美苏遨游,技术上遭受重重封锁的中国人能自力更生,让太空中响起了中国人的声音,非常不易。截至2016年,我国已经有100多颗卫星上天。从2012—2016年的这四年,我国卫星的数量更以每年20颗左右的速度在增长。能有如此成就,一方面得益于国家实力的增强，资金投入加大，另一方面因为有一只年轻且有奉献精神的科研团队。

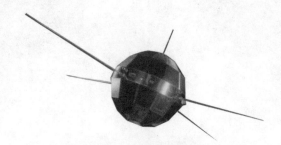

中国第一颗人造卫星"东方红一号"

遨游太空的中国卫星和飞船。顺时针方向依次为："神舟号"系列飞船，"中星22号"卫星，"海洋一号"卫星，"风云二号"地球静止轨道气象卫星，第一颗返回式卫星，"实践二号"卫星，"东方红一号"卫星，"中国资源二号"卫星，"东方红三号"卫星通信，"东方红三号"通信卫星，"东方红三号"实验通信卫星，"风云一号"极轨气象卫星，"东方红二号甲"实用通信卫星

墨子号量子通信卫星

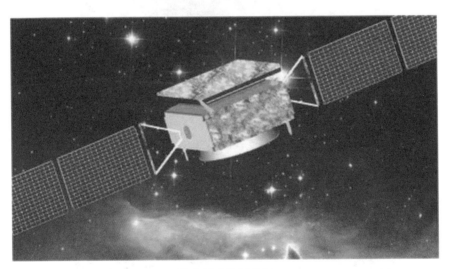

悟空号暗物质卫星

　　进入21世纪后,中国航天事业加快了发展的步伐,在载人航天领域取得突破性进展,这就是大家已经耳熟能详的"神舟"系列宇宙飞船。

神舟系列知多少

"神舟一号"飞船于1999年11月20日凌晨6时30分发射升空，11月21日凌晨3时多成功着陆。这是我国自主研制的第一艘航天试验飞船，标志着我国载人航天技术获得重大突破。飞船上天时并没有装上完整的系统，只装了一些主要的系统进行科学实验。

"神舟一号"实物

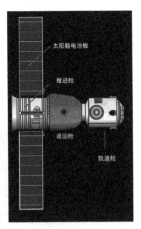

"神舟号"发射控制中心　　　　　　　　　"神舟号"示意图

"神舟号"飞行模拟图

　　"神舟二号"于2001年1月10日在酒泉卫星发射中心发射升空,飞船返回舱在轨道上飞行7天后成功返回地面。这艘飞船是我国第一艘正式无人飞船。飞船由轨道舱、返回舱和推进舱三个舱段组成,首次进行了微重力环境下的空间生命科学、空间材料等领域的试验。与"神舟一号"试验飞船相比,"神舟二号"飞船的系统结构有了新扩展,技术性能有了新的提高,飞船技术状态与载人飞船基本一致。

　　"神舟三号"于2002年3月25日发射升空，4月2日成功着陆。飞船装有人体代谢模拟装置、拟人生理信号设备以及形体假人，首次进行了逃逸系统试验。飞船还执行了具体的空间探测和空间试验的任务。

神舟三号

　　"神舟四号"在2002年12月30日发射，7天后顺利返回。飞船搭载了大量科学实验设备，其最重要的目的是为载人航天提供载人航天应用系统全系统试验，包括测控与通信、飞船与火箭、发射场、主着陆场和备用着陆场、航天员、陆地和海上应急、救生等系统全方位参加了演练，为成功实现载人飞行取得可靠保障。

　　"神舟一号"至"神舟四号"飞船的成功发射，表明我国已经掌握了载人航天技术。终于，2003年10月15日，"神舟五号"进行了载人飞行，将航天员杨利伟送入太空。这标志着中国成为苏联（俄罗斯）和美国之后的第三个将人类送上太空的国家。"神舟五号"与"神舟四号"在设计、外形上均十分相似，都由轨道舱、返回舱及能源舱三部分组成。"神舟五号"内部空间约有5.5平方米，只装有三个座位，没有实验设备。飞船与地球有宽频网络连接，随时可进行语音、影像及数据通信。"神舟五号"飞船装有四层降落伞，展开后面积达1000平方米，以确保飞船顺利软着陆。"神舟五号"的发射成功，还产生了一个英文词汇taikonaut，即航天员，这是西方对我国驾驶航天器人员的称呼，以和美国宇航员astronaut相区别。

中国航天第一人杨利伟

杨利伟在"神舟五号"中

两年后，2005年10月12日，"神舟六号"载人飞船发射，这次飞船上有两位航天员：费俊龙和聂海胜。聂海胜还在太空庆祝了他的41岁生日。

"神舟七号"载人飞船于2008年9月25日发射。飞船上载有三名航天员：翟志刚、刘伯明和景海鹏。翟志刚出舱作业，刘伯明在轨道舱内协助，实现了中国历史上第一次的太空漫步。五星红旗飘扬在太空之中。

"神舟八号"飞船在前面一系列飞船基础上进行了较大的技术改进，在2011年11月1日发射升空。"神舟八号"没有载人，只搭载了模拟航天员进行试验。升空后2天，"神舟八号"与此前发射的"天宫一号"目标飞行器进行了空间交会对接。组合体运行12天后，神舟八号飞船脱离"天宫一号"并再次与之进行交会对接试验，这标志着我国已经成功突破了空间交会对接及组合体运行等一系列关键技术。

"神舟九号"飞船为载人航天飞船，并首次在夏季发射。它的重要任务就是与"天宫一号"实现载人交会对接，这是中国航天史上极具突破性的举动。2012年6月16日，"神舟九号"飞船在酒泉卫星发射中心点火发射升空，三名航天员是景海鹏、刘旺、刘洋。

2013年6月11日，"神舟十号"航天飞船在酒泉卫星发射，任务是再和目标飞行器"天宫一号"对接，并对其进行短暂的有人照管试验。"神舟十号"的飞行乘组由聂海胜、张晓光和王亚平组成。飞船在轨飞行15天中进行了多项科学试验，并首次开展航天员太空授课活动。

2016年10月17日，"神舟十一号"载人飞船在酒泉发射。飞行乘组由航天员景海鹏和陈冬组成，景海鹏担任指令长。这是景海鹏的第三次航天飞行，他也因此成为中国航天员中登天岁数最大的人。"神舟十一号"此次任务的主要目的，是为"天宫二号"空间实验室在轨运营提供人员和物资天地往返运输服务，考核验证空间站运行轨道的交会对接和载人飞船返回技术；飞船还要与"天宫二号"空间实验室对接形成组合体，进行航天员中期驻留，考核组合体对航天员生活、工作和健康的保障能力以及航天员执行飞行任务的能力；三是开展有人参与的航天医学实验、空间科学实验、在轨维修等技术试验以及科普活动。景海鹏和陈冬在"天宫二号"中驻留了30天。景海鹏还在太空度过了他50岁的生日。古人五十而知天命，景海鹏这一代中国航天人，这个年龄却正是朝气勃发，才上事业巅峰！

费俊龙和聂海胜

翟志刚、刘伯明和景海鹏

景海鹏、刘旺和刘洋

聂海胜、张晓光和王亚平

景海鹏和陈冬

首次载人航天飞行

完成飞船飞行使命所允许的发射时间段（即载人飞船的发射"视窗"），不是随便挑选的，而是根据飞船在轨运行时，太阳光照辐射、飞船姿态控制等要求，建立一个数学模型、输入相关资料，再经过精心计算推导所得出的最佳发射时机。以往"神舟"飞船的发射时间一般在凌晨和子夜，主要是方便地面的光学跟踪测量仪易于捕捉到目标。但为了增大飞船回收搜寻、救生、太空人落地时的保温保暖措施等的安全系数，回收选在白天进行更为合理。因此，"神舟五号"选择了白天发射，即有利于发射人员工作，也易于在意外情况发生时充分保障太空人的人身安全。

经过周密准备，2003年10月15日上午9时整，"神舟五号"宇宙飞船搭载着我国第一位宇航员杨利伟发射升空。这是一个永载史册的辉煌时刻。重温我国首次载人航天的全过程，仍然令人激动：

欢送杨利伟前往太空

2003年10月15日早晨6点15分，杨利伟自信地进入"神舟五号"飞船返回舱，在舱内进行各项准备工作，完成100多个动作。9点整，运载"神舟五号"的"长征二号"F型火箭点火发射，10分钟后将飞船送上了预定轨道。杨利伟成为第一个进入太空的中国人。20分钟后，停泊在南太平洋的"远望二号"测量船捕获飞船信息。在北京航天指挥控制中心的大屏幕上，清晰显示出了"神舟五号"飞船的舱内图像。杨利伟与监督医生通话时非常沉稳，他说："我感觉良好！"载人航天工程总指挥李继耐随即宣布："飞船已进入预定轨道，发射取得成功。"

10月15日10时开始，"神舟五号"飞船开始进行环绕地球飞行。到飞船返回舱分离时，飞船一共环绕地球飞行14圈。飞行期间，杨利伟不但正常进餐，还安然睡了3个小时，显示出良好的心理素质。杨利伟的食品包括八宝饭、鱼香肉丝、宫保鸡丁和特制的饮料等。黄昏时候，"神舟五号"飞船环绕地球运行到第七圈，杨利伟在太空中展示中国国旗和联合国旗帜。他在距地面343千米的太空中说："向世界各国人民问好，向在太空中工作的同行们问好，感谢全国人民的关怀。"

10月16日早5点，北京航天指挥控制中心向"神舟五号"载人飞船发送返回指令。按照程序设计，正在环地球运行的飞船建立返回姿态。经过返回制动、轨道舱与返回舱分离、推进舱与返回舱分离等一系列太空控制动作，"神舟五号"飞船轨道舱与返回舱成功分离。返回舱顺利进入返回轨道，向预定的内蒙古主着陆场杜尔伯特大草原降落。飞船轨道舱则留轨工作半年，开展相关的科学实验。6点23分，"神舟五号"返回舱安全着陆。实际着陆点与理论着陆点仅仅相差4.8千米。返回舱完好无损。杨利伟自主出舱。至此，我国首次载人航天飞行圆满成功。

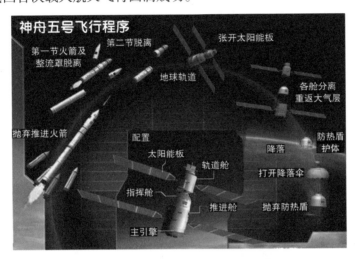

"神舟五号"飞行示意图

"神舟五号"离开组装车间，前往发射台

"神舟号"首次载人航天飞行的圆满成功,是中国在载人飞行上的重大突破,它既是中国的航天里程碑,也意味着中国成为继俄罗斯、美国之后世界上第三个能够发射载人飞船的国家,标志着中国的航天技术已经达到世界先进水平。载人飞船的发射成功不仅对亚洲、也对全世界意义重大,对人类探索太空、和平利用太空将会产生积极意义。

我国的载人航天工程自1992年立项开始实施,分为三个阶段,计划在20年内完成。第一阶段任务是突破载人技术,"神舟"系列飞船的前七艘飞船都属于这个阶段,载人飞行积累经验后,要逐步解决交会对接等载人航天的在轨基本技术。第二阶段为空间实验室工程,即建立短期有人照料、长期自主运行的空间实验室,实现飞船和飞船(或目标飞行器)的空间交会对接,并能让航天员出舱活动。进一步研究和掌握航天员在空间生活、工作等相关技术,扩大空间应用的规模,同时探索和研究天基服务新途径。第三阶段将建立长期性、5～15年甚至更长时间的永久空间站,通过研制更经济可靠的航天运输工具,研制和发射空间站,建立我国的近地轨道天基服务基础设施,将各种轨道的应用卫星与空间站进行"集成",最大限度地发挥其效益,为向深空探索奠定技术基础并提供运行平台。这个永久空间站,就是"天宫"空间站。

酒泉卫星发射中心
位于甘肃省酒泉,
始建于1958年

太原卫星发射中心
位于山西太原,
始建于1967年

西昌卫星发射中心
位于四川凉山彝族自治州,
始建于1970年

文昌航天发射场
位于海南文昌,2009年开工建设,2014年基本竣工

我国四大航天发射场

太原卫星发射中心

西昌卫星发射中心

酒泉航天发射场

发射长征五号的海南文昌航天发射场

天宫，中国人的空间站

空间站是一种在近地轨道长时间运行，可供多名航天员巡访、长期工作和生活的载人航天器。这一概念很早就有人提出，齐奥尔科夫斯基和赫尔曼·奥伯特都对此进行过设想。冯·布劳恩还做过带环状结构的空间站设计。二战期间，疯狂的德国科学家研究过使用太阳能的轨道兵器，这件恐怖的末日武器将安装在空间站上，在8200千米高的地球轨道上给敌人致命一击。

1971年，人类历史上首个空间站，苏联的"礼炮1号"空间站成功发射升空，不过它仅仅运行了6个月就坠落太平洋。

不甘落后的美国在1973年发射了"天空实验室"空间站，它工作了大约1年时间就被封闭停用。

苏联在1986年发射了"和平号"空间站，并对这个空间站不断进行扩充完善。"和平号"空间站最终成为重达137吨的庞然大物，一直服役到2001年。在它运行的15年间，总共绕地球飞行了8万多圈，行程35亿千米，共有苏联的31艘"联盟号"载人飞船、62艘"进步号"货运飞船与空间站实现对接，宇航员在空间站上进行了78次太空行走，在舱外空间逗留的时间长达359小时12分钟。先后有28个长期考察组和16个短期考察组在空间站从事考察活动，12个国家的135名宇航员进入空间站工作，总共进行了1.65万次科学实验，完成了23项国际科学考察计划。

"和平号"是载人空间站研制与运行的一个重要里程碑。它积累了大量太空舱建造、发射、对接技术载人航天及太空行走技术，还有太空生命保障技术、航天医学、生物工程学、天体物理学、天文学知识以及商业航天开发经验，都是人类航天史上宝贵的财富。

"和平号"空间站坠毁后，地球轨道上就只剩下了国际空间站。这是以美国、俄罗斯为首，包括加拿大、日本、巴西和欧洲航空航天局等共16个国家参与研制的空间站。

　　由于美国的反对,中国被排斥在外,没有能够参与空间站的建设工作。这极大督促中国建造自己的空间站。随着中国载人航天的进程,中国空间站计划也有条不紊执行起来。中国载人空间站命名为"天宫",核心舱命名为"天和",实验舱Ⅰ命名为"问天",实验舱Ⅱ命名为"巡天",货运飞船命名为"天舟"。

中国载人航天工程标识

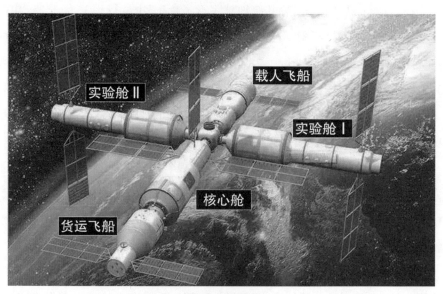

中国空间站结构

"天宫一号"于2011年9月29日在酒泉卫星发射中心发射,飞行器全长10.4米,最大直径3.35米,由实验舱和资源舱构成,是一个试验性的空间站。2011年11月3日凌晨实现与"神舟八号"飞船的对接任务。2012年6月18日下午与"神舟九号"对接成功。"天宫一号"标志着我国已掌握空间交会对接技术,拥有建立初步空间站,即短期无人照料的空间站的能力。

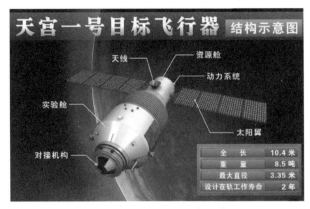

"天宫一号"目标飞行器结构示意图

2016年3月16日,"天宫一号"正式终止数据服务,全面完成了其历史使命。"天宫一号"整器结构完整,运行轨道仍在持续、密切跟踪监视之中,平均轨道高度约370千米,正以每天100米的速度衰减,预计2017年下半年坠入大气层陨毁。

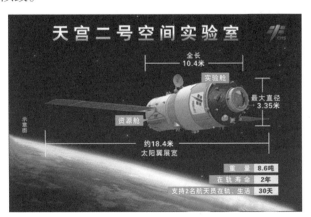

"天宫二号"

　　"天宫二号"在2016年9月15日发射。它是中国第一个真正意义上的空间实验室，主要开展地球观测和空间地球系统科学、空间应用新技术、空间技术和航天医学等领域的应用和试验。"天宫二号"安装了机械臂，将测试开展舱外搬运和维修，飞行途中还释放了一颗伴飞小卫星。

　　2017年上半年，"天舟一号"货运飞船将发射，与"天宫二号"对接，为其进行补给，运送推进剂、航天员生活消耗品、空间科研设施设备、空间站维修备品备份等。

　　2018年，中国载人航天工程将正式进入空间站阶段，发射"天和号"试验核心舱。随后还将陆续发射"问天号"实验舱、"梦天号"实验舱和"巡天号"光学舱，在2022年左右完成"天宫"空间站的建造工作。

　　未来的"天宫"空间站，由"天和号""问天号"和"梦天号"三舱呈T字形结构组合在一起，前后端的对接口分别用于对接"神舟"载人飞船和"天舟"货运飞船。"天宫"空间站将运行在高度340～450千米、倾角42°～43°的近地轨道上，设计寿命大于10年，额定乘员3人，轮换时甚至可以支持6人。"天宫"空间站旁还将有一个共轨运行的巡天号光学舱。

　　"天宫"空间站完全投入工作后，势必会对我国的航天事业、空间科学研究等方面起到促进作用。而国际空间站由于设备老化，故障日益增多，维护和保养费用快速上涨，面临着重重问题，最长将在2024年结束寿命。到那个时候，太空中可能只有中国的空间站存在。中国未来将是世界上唯一拥有空间站全套技术的国家。

"天宫二号"与"神舟"飞船即将交接

嫦娥登月看今朝

我国在载人航天工程进行的同时，另一个重大航天项目也在实施之中，这就是月球探测"嫦娥"工程。

这是我国进行深空探测所迈出的至关重要的第一步，也是中国航天事业继人造卫星、载人航天之后的第三个里程碑。"嫦娥"工程的重点在于对月球进行基础研究。该工程分为"环绕、降落、返回"三个阶段实施。

中国探月工程标识

第一阶段，在2007年10月24日发射深空探测卫星"嫦娥一号"。这颗卫星飞行了11天到达月球轨道，主要探测目标是获取月球表面的三维立体影像；分析月球表面有用元素的含量和物质类型的分布特点；探测月壤厚度和地球至月球的空间环境。2009年3月1日，"嫦娥一号"按照预定计划撞击月球，在月球的丰富海区域着陆。

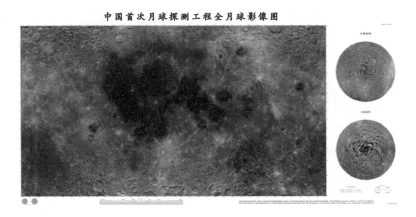

中国首次月球探测工程全月球影像图

"嫦娥一号"获得的月球影像图

　　"嫦娥二号"是中国探月工程第二阶段的技术先导星,在2010年10月1日发射,由于使用了直接地月转移轨道设计与飞行技术,它只用了5天就来到月球身边。"嫦娥二号"获得了分辨率优于10米月球表面三维影像、月球物质成分分布图等资料。2011年6月8—9日,"嫦娥二号"经过2次精确加速后飞离月球,飞往日地拉格朗日L2点。2012年4月1日,"嫦娥二号"完成进入日地拉格朗日L2点环绕轨道进行深空探测等试验。此后飞越小行星4179成功进行再拓展试验。"嫦娥二号"任务圆满完成。现在,"嫦娥二号"已经飞入距离地球上亿千米的深空。它状态良好,不断刷新距地飞行高度,考核卫星的寿命及自主控制与管理能力,并协同我国深空测控站开展行星际测控通信试验。

　　中国探月工程第二阶段的探测器,是"嫦娥三号"无人登月探测器。它由月球软着陆探测器(简称着陆器)和月面巡视探测器(简称巡视器,又称"玉兔号"月球车)组成。

　　"嫦娥三号"在2013年12月2日发射,它的主要任务是软着陆和月面生存,并完成了月球表面探测、月球地貌地质调查和月基天文观测等工作。虽然,1959年苏联的"月球二号"探测器就在月球着陆,中国相比来得晚了一些。但后来者居上,我们有信心也有实力,在今后的月球探测中跑到前面。

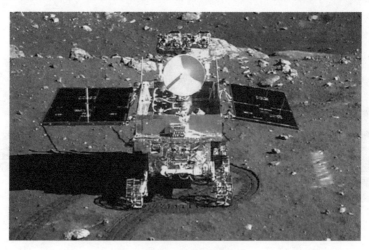

"玉兔号"月球车

现在，"嫦娥"工程的"环绕、降落、返回"三个阶段已经圆满完成了两个。下一个阶段就是"返回"了，这个艰巨任务，落在了"嫦娥五号"探测器身上，它将是首个实施无人月面取样返回的航天器。"嫦娥五号"探测器由轨道器、返回器、着陆器、上升器四部分组成。预计将在2017年由"长征五号运载火箭"在中国文昌卫星发射中心发射升空，自动完成月面样品采集，并从月球起飞，返回地球，带回约2千克月球样品。

那么，"嫦娥四号"干什么呢？这颗探测器，将在2018年发射，前往月球背面进行实地考察。它将是首次在月球背面着陆的人类探测器，还将首次实现人类航天器在地月L2点对地对月中继通信。"嫦娥四号"任务已将在2018年的6月发射中继星、在2018年年底发射着陆器和巡视器。

当"嫦娥"工程的"环绕、降落、返回"三个阶段全部完成时，中国人的脚步是不是就该踏上月球寂静的大地，实现流传千年的"嫦娥飞天"神话？

相信不久的将来，"嫦娥飞天"就会变成现实。

纪念登月的邮票

2016年，中国火星探测器的研制工作正式启动了，计划在2020年发射，这个探测器要在2021年7月前到达火星，一次性完成"绕、落、巡"三项火星探测任务。这对技术人员来说，将是巨大的挑战。

然而，无论遇到多大困难，中国航天人都不会退缩。

国家主席习近平在访问北京航空航天控制中心时，和"神舟十号"飞船的3名航天员进行了对话，他在讲话中表示，中国的太空计划是"中国梦"的一部分，中国人需要更大的进步，进一步来探索太空。

中国对太空的探索还刚刚开始,我们的征途将是星辰大海。

4.成长的代价:太空事故与灾难

地球是人类的摇篮,人类当然不会永远生活在摇篮里。走出摇篮的过程就是人类成长的过程。但在这过程中人类迈出的每一步,都可能付出高昂的代价。北京时间2003年2月1日晚10时许,美国"哥伦比亚号"航天飞机在返航途中爆炸坠毁。这是人类航天史上自"挑战者"号1986年爆炸以来第二次最为惨痛的损失,也自世界上第一颗人造地球卫星发射成功后,人类在开发和探索太空的过程中遭受的又一重大失败。至此,人类在载人航天活动中遇难的人数增加到了22人。

航天发射历来讲求万无一失,因为一点点的失误就会招致前功尽弃、功亏一篑的后果。这种高风险性也正是航天发射的一个突出特点。融汇了现代尖端科技的载人航天活动,同时也是一项充满风险与挑战的事业。在人类航天事业的史册里,有如下沉痛的记载。

1961年3月23日,被确定为苏联第一个首航太空的宇航员邦达连科在充满纯氧的舱室里进行紧张训练。休息时,他用酒精棉球擦完身上固定过传感器的部位后,随手将它扔到了一块电极板上,结果舱内燃起大火,他被严重烧伤,10小时后死亡,成为人类载人航天活动中第一个遇难的宇航员。

1967年1月27日,美国肯尼迪航天中心在进行载人飞船地面联合模拟飞行试验时,飞船指令舱意外起火,仅仅几十秒时间,3名宇航员就被烧死在舱内。祸不单行,同年4月23日,苏联宇航员弗拉基米尔·M·科马罗夫上校乘坐"联盟1号"飞船进入太空后,飞船屡次出现故障,几经努力难以修复,在返回地面时,飞船降落伞又出意外,无法打开,致使飞船以每秒100多米的速度冲向地面。科马罗夫当场被摔死,成为世界上第一位在执行空间飞行任务时献身的宇航员。

1971年7月，苏联"联盟11号"飞船顺利完成进入"礼炮1号"空间站的各项任务，在返回大气层前实施返回舱和轨道舱分离时，连接两舱的分离插头分离后，返回舱的压力阀门被震开，密封性能被破坏。返回舱内空气从该处泄漏，致使舱内迅速减压。3名在太空中创纪录工作了24天的宇航员因急性缺氧、体液沸腾而死亡。

1980年3月18日，苏联"东方"号运载火箭在普列谢茨克发射场进行燃料加注时发生爆炸，45名技术人员当场被炸死。

1986年是人类航天史上的惨痛之年。1月28日，美国"挑战者号"航天飞机在执行第10次飞行任务时，由于右侧助推火箭密封装置出现问题，造成燃料外泄，航天飞机升空第73秒后发生爆炸，7名宇航员当场遇难。4月18日，携带着军事侦察卫星的一枚美国"大力神34D"运载火箭起飞8.5秒后发生爆炸。5月3日，携带有价值5700万美元的一颗气象卫星的美国"德尔它"运载火箭起飞71秒后主发动机突然熄火，90秒时自毁。

"挑战者号"航天飞机殉难的宇航员

"挑战者号"航天飞机失事画面

1998年8月12日，美国一枚"大力神4A"运载火箭起飞后不久发生爆炸，火箭连同所携带的间谍卫星价值在10亿美元以上。8月27日，携带通信卫星的美国"德尔它3"运载火箭在卡纳维拉尔角进行首次发射时，起飞后不久便化作一团价值2.25亿美元的火球。9月10日，乌克兰一枚"天顶2型"火箭在发射商业卫星时于起飞后272秒出现计算机故障，导致星箭坠地。

　　1999年7月5日，俄罗斯一枚"质子号"运载火箭在从拜科努尔起飞后不久出现故障，星箭坠毁于哈萨克斯坦境内的草原上。同年10月27日，俄罗斯又一枚"质子号"运载火箭在发射一颗通信卫星时，从拜科努尔起飞后不久出现故障，星箭坠毁。

　　2003年2月1日，美国"哥伦比亚号"航天飞机返回地球时，在得克时萨斯州北部上空解体坠毁，7名宇航员全部遇难。

　　够了，看着这一个个惨痛的数字，我们能说些什么呢？这还只是自人类进入太空时代起部分公开发表的与航天行动直接有关的灾难性事故而已。无数事实证明，宇航是高风险的活动。但人们并不愿因此退缩，反而更加坚定，因为所付出的代价最终都将得到回报，那就是人类文明的逐步成长。

酒泉卫星发射中心东风革命烈士陵园，安葬着聂荣臻元帅和为我国航天科技事业献身的711名革命英烈

为向太空进军的英雄们树立的纪念碑直冲云霄

　　正如一位作家所说的，太空探索是20世纪以来人类文明的伟大标志，也是地球这颗行星的生命历史中最最重要的三个瞬间之一。这三个瞬间分别是生命的出现、生命由水中上陆以及生命进入辽阔的宇宙！

　　那些为人类文明前进付出青春甚至生命的人，他们的名字将永远镌刻在星空之中，与人类记忆共存。

科技篇　深入太空

……已经感觉到呼吸困难，气压一定降到了每平方厘米 70～140 克的程度……像一切健壮、训练有素的人一样，他在真空中至少能生存 1 分钟。如果他来得及做好准备的话。但他是仓促应变的。他只能保证坚持一般人能保持清醒的 15 秒，然后他就会因脑子缺氧而昏迷。

即使出现因为缺氧而昏迷，他在真空中一两分钟之后仍然可以完全复苏，如果他能得到适当的空气补充。暴露在真空中的最高纪录差不多达 5 分钟。那并不是一次实验，而是一次急救；虽然因空气栓塞造成了局部瘫痪，那个人还是活了下来。

阿瑟·克拉克《2001：太空漫游》

人造地球卫星发射成功后不久，科学家就开始设想把人送入环绕地球的轨道，实现载人航天。太空中的严酷环境人们早有认识，几十千米的大气层之外有的只是黑暗、深邃、冷酷的外层空间。那里没有水，没有空气，有的只是来自太阳和其他天体的辐射，以及危险的小流星。大气层为人类屏蔽了这样严酷的太空世界。但每一个想要进入太空的人，每一艘准备飞出大气圈的航天器，都要为这个太空世界做好准备。

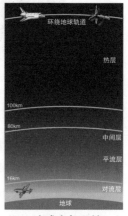

地球大气环境

5.登天之路：准备好了就出发

要进入太空，就必须冲出地球设置下的四道关卡。

第一关，地球引力。地球的引力在160千米高度减小1%，2700千米高度减少50%。在地表附近运动的物体，只有达到第一宇宙速度即每秒7.9千米的时候，才能成为地球的卫星；达到每秒11.2千米的第二宇宙速度，才能像地球、金星、火星等星体那样，成为太阳系的一颗新行星；当达到每秒16.7千米的第三宇宙速度，才可以飞出太阳系。

第二关，克服真空。海平面上的大气压强是101.33千帕斯卡（760毫米汞柱），对应每立方厘米体积内约有24亿个分子。大气密度和大气压强随地面高度的增加按指数规律迅速减少。在200千米高空，大气密度和大气压强只有海平面的十亿分之一。而行星际空间每立方厘米含有的分子或原子数平均不到100个，恒星际空间则平均只有10个。装有一般发动机的飞机，上升高度的极限是27千米，再高的话发动机就会由于严重缺氧而停车。只有装备了自带氧化剂的火箭发动机，才能克服这一问题，达到更大高度。

第三关，剧烈变化的温度环境。除去极地附近，地球上最热的地方气温约为40℃，最冷的地方也不过零下40℃左右。而在空间，物体朝向太阳一面的温度可高达200℃，背阳面地球阴影内则能低到零下100℃。远离恒星的空间环境温度接近于绝对零度（零下273℃）。恒星附近，环境温度则会高达几百甚至几千摄氏度。

第四关，充满有害辐射的空间。近地空间是一个强辐射环境。从X射线到红外线的太阳电磁辐射对人体、材料都有一定的影响。除电磁辐射外，粒子辐射也会对人体、材料造成严重影响，它的来源主要有三种，即地球辐射带、太阳宇宙线、银河宇宙线。因此必须采取相应防护措施，才能保证空间活动顺利进行。

要达到第一宇宙速度,需要强有力的推进器,但这并不是最主要的困难。如果没有大气阻力,普通火箭推进器,甚至儒勒·凡尔纳设想的大炮都可以实现这一速度。但随着速度的增加,空气阻力将迅速超过重力。地球周围那一层8～12千米厚的稠密大气层,便成为登天之路上的最大障碍。为了克服这一阻力,必须提供更大的推力,这就不得不增大发动机体积和携带更多的燃料,结果进入恶性循环,以至于即使不带任何有意义负载的小型单级火箭,也无法达到第一宇宙速度。更糟的是,火箭与稠密大气的摩擦将产生大量热,速度达到3倍声速左右时即会遇到所谓"热障"。此时航空器上普遍采用的铝合金材料因高热无法保持强度,而必须以高温钢材甚至钛合金代替。作为一次性使用的火箭还可采用烧蚀防热瓦来暂时阻隔热量。但更好的方法是把最后的加速段改在较稀薄的大气层中进行,这就是垂直发射成为航天发射方式主流的原因。因为这样能尽快提升高度,可相对减少地球引力的影响,并减少部分空气阻力。另外,为了尽量减少结构重量,提高火箭效率,人们还发明了多级火箭,让后一级火箭在前一级的速度基础上点火,以达到更高的速度。目前发射的卫星和飞船,都利用了这个原理。研究中的先进火箭则希望利用而不仅仅是避免空气阻力,以实现"水平起飞""单级入轨"的梦想。

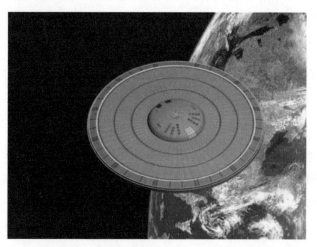

民间火箭爱好者设计的航天器模拟图,希望火箭有质的变化

名词解释

声速：即声音的传播速度。在海平面空气中的声速平均值为每秒344米。

水平起飞：即像飞机一样利用空气升力起飞，而不是和目前所有航天器一样的垂直发射。

单级入轨：宇航先驱齐奥尔科夫斯基的计算表明，普通化学燃料的能量难以令通常的火箭达到第一宇宙速度，为此不得不采取多级火箭设计，通过丢弃部分结构重量来帮助加速，但这造成了结构材料的浪费，因此宇航专家们一直在研究不需抛弃部分结构重量即可使航天器达到足够速度的方法。例如先以"航天飞机"的模式升空至大气层高处较稀薄地区，再启动火箭发动机加速到第一宇宙速度进入轨道。这样的航天器就称为"单级入轨"航天器。

准备之一：载人航天器

现在让我们自己动手设计一艘载人飞船：首先，要有动力。突破地球引力和脱离大气层可以利用已有的火箭，二级以上的火箭发射数百千克重物进入地球轨道完全没有问题。不过我们的飞船还要返回地面，除非打算进行一次有去无回的单程飞行。事实上，早期的载狗航天飞行实验确实是不返回的，幸好现在有了返回技术。

大气层在飞船加速进入轨道时是个巨大的阻碍，但在返回时就是一个有利因素了。美国在设计"水星"飞船时发现，如果有意让飞船的轨道高度很低，大气阻力本身就可以让它在环绕地球几圈后坠落，即返回大气层。更好的方式则是在飞船上装些制动火箭，只要启动它们，适当改变飞船的轨道高度和飞行角度，就可以重回地球母亲的怀抱了。注意，如果制动角度不当，飞船有可能反被发射到更高的轨道，那可就回不来啦！

中国科普大奖图书典藏书系

062

空气摩擦虽然能帮助制动，但由此产生的热量对乘员是个巨大的威胁。当飞船以宇宙速度进入大气层时，摩擦加热使飞船表面温度最高可超过3000℃，只有专门设计的防热瓦才能保护飞船内的乘员和设备不被烤焦。早期的防热瓦是烧蚀型的，靠材料的蒸发带走部分热量，并产生汽化隔热层。这种防热瓦用过一次就完全损坏了，必须重新更换。航天飞机使用的陶瓷防热瓦则可多次使用。为了利用大气阻力，又不产生太严重的烧蚀，返回舱的形状一般和陨石一样，即弹头型，这算是大自然提供的最佳设计方案吧。

俄罗斯生产火箭车间

火箭运输到发射架的过程中

火箭竖立在发射架上

火箭发射控制中心

火箭发射

有了这些基本设计，就可以保证飞船本身顺利进入太空，并且安全返回了，但要搭乘宇航员还不够。首先，太空中没有氧气，所以飞船要携带氧气。假定飞行时间只有一两个小时，水和食物就不需要携带了。早期飞船的密封性不好，宇航员在飞船内也要穿太空服，以维持供氧并保护他们的身体不暴露在真空中。最早的太空服像铠甲一样，穿上它宇航员几乎无法行动，后来的太空服多采用尼龙等柔软而又有韧性的材料制作。现代载人飞船气密性已经很好，太空服一般只用在出舱作业。不过，失去飞船外壳的保护，对太空服的要求就又提高了：首先要抗微流星的打击，这也是飞船外壳必须做到的。如果允许使用金属材料，这并不困难，飞船外壳就是金属，但宇航服也这样设计就又是一副铠甲，幸好有人发明了高强度纤维。来自太空的高能辐射也是威胁。地球有臭氧层保护，飞船上当然不会用臭氧，用金属屏蔽层就可以，太空服则使用金属镀膜反射层。

太空行走和飞船控制姿态都要靠喷气或火箭推动，飞船上可以装几个小火箭或压缩气体喷嘴。如果简化设计，就在宇航员的氧气罐上加喷嘴好了，但氧气别用得太多，记得留点儿呼吸用。此外我们还要

想要这么潇洒地在太空工作可不是一件容易的事情

在飞船上安装科研仪器和控制设备。作为最简单的仪器系统，只要能记录飞船和宇航员的状态就可以；控制设备则要能接受地面指挥，最好宇航员也能操作，再加几个控制喷气的手柄吧。

完成了这些，我们就拥有了一艘最简单的宇宙飞船。它和"东方号""水星号"差不多。这样的飞船除了带人去太空"潇洒走一回"外，可以说毫无用处。现代飞船上的设备要复杂得多，能完成的工作也多得多，不过上面列

出的这些基本条件可一个也不能缺少。

资料：未来的"概念"航天飞机

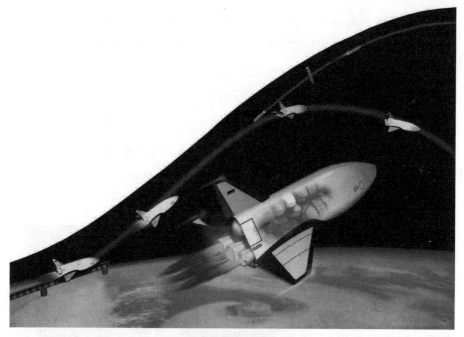

设计中的"概念"航天飞机

"概念"航天飞机像飞机一样能在一种轨道系统上起飞。它由空气火箭和冲压式喷气发动机提供动力。改进的防热瓦和涂层不再需要特别维护，而且不会受天气条件的影响。和通常的商用班机一样，它可以在一个"太空港"运作，在那里搭载乘客和货物，维修、起飞或停留不到数小时后就准备继续下个航程。

美国国家航空航天局的目标是将发射成本降低到每千克230美元左右，这对商业旅行者及那些想来一次浪漫太空度假的人来说是个很有诱惑力的选择。和现今所有的航天器不同，未来概念火箭可能不是垂直起飞。有一种思路是用一套磁悬浮轨道系统将飞船弹射到太空，就像20世纪50

年代科幻电影中所描述的一样。这种装置利用几排磁铁使宇宙飞船浮起，然后沿轨道迅速起飞，它没有移动部分，利用电提供动力并能在出现问题时放弃飞行，具有极大的安全性。

美国马歇尔中心提议在肯尼迪太空中心建造这种轨道。它全长约2.4千米，将使飞船以2倍重力加速度持续运行9.3秒，速度达到每小时640～960千米。马歇尔中心的研究人员已经在对15米和120米的轨道进行测试了。

到2040年，用电能、太阳能、等离子体、离子和反物质作为航天器的动力可能已成为现实，不过那才是历时持久的太空飞行和星际旅行的开始，到那时我们对邻近的星球将有更多的拜访。

2040年以后将会是什么情形？这很难预料。但马歇尔中心的研究人员说，到那时太空旅行可能就像现在乘飞机旅行一样普遍。飞船目前最大的困难是资金问题，这可能会使多项新型航天飞机的计划推迟或中止。如果有足够的时间和公司合伙人，那么这些美丽的幻想就会变为现实。

然而，到2016年，航天飞机已经退出历史舞台，新的航天飞机会出现吗？让我们拭目以待。

"概念"航天飞机飞行过程

A. 飞船由滑轨导引准备起飞

B. 末级火箭

C. 3台火箭发动机

D. 液氢燃料箱

E. 液氢燃料箱

F. 有效载荷舱

G. 航天飞机发射火箭

H. 火箭将卫星送入轨道

I. 飞船返回地球

名词解释：

电力推进：带电粒子束推进XIPS。美国在1999年12月21日发射的"银河XI"大型同步通信卫星上首次使用了电推进技术。该系统用高速喷射带电氙离子获得推力，主要用于卫星的轨道保持。由于推进剂是氙气，它的质量大大轻于化学火箭推进器。它的推力取决于加速离子的电功率，功率越大，离子速度就越快，卫星获得的推力也越大。不过，目前该装置所能达到的最大推力也还很小。如果用于星际航行，需更强力的能源。

"吸进式"和"排出式"：目前所有航天器的大部分重量都来自于推进设备以及推动火箭升空脱离大气层所需的氧化剂。如果采用空气火箭发动机，从大气层中吸进空气作为氧化剂，便可减少氧化剂的重量，而更轻的重量便意味着更多的有效载荷或把同样的有效载荷推进到更高的轨道上。美国马歇尔中心在1996年回顾了20世纪60年代的研究，提出了用空气火箭发动机推动第三代运载火箭的方案，即通过特别设计的进气管道吸入大气中的氧，燃烧氢燃料提供动力推动火箭前进。

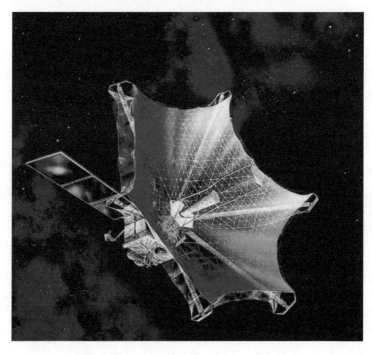

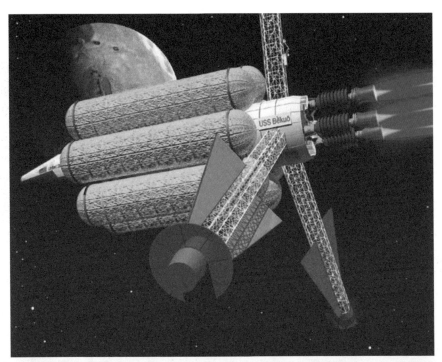

一组设计中的新型太空飞船

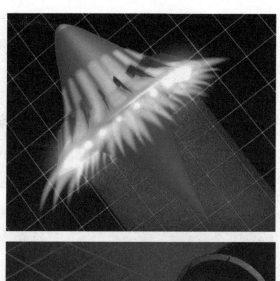

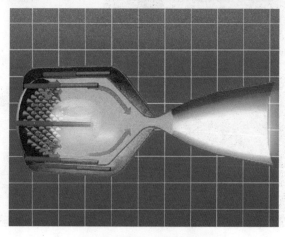

设计中的新式发动机草图

准备之二：宇航员

有了飞船，就有了载人航天的物质条件，但宇航员的选拔和训练也是一个同样重要的问题，没有好的宇航员，载人航天同样无法成功。

为了人类航天事业做出贡献的小狗"莱卡"，它是第一条上天的狗

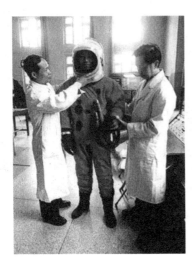

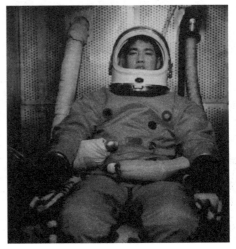

早期我国对航天员进行训练的情况

早期我国对航天员进行训练的情况

航天员进行水下失重训练

航天员们要在水下进行失重训练

　　早期宇航员几乎无一例外地从飞行员中选拔，除了当时很多人认为必要时仍需宇航员操纵飞船，而飞行员的工作除相对较接近于驾驶宇宙飞船外，更主要的是因为他们通常已经具备了良好的身体条件、机敏的反应、相对较稳定的心理素质及在危机中较好的应变能力。举例来说，对缺氧、超重、失重等的适应是宇航员的基本素质，也是很多飞行员早已具备的素质。随着科学技术的发展，驾驶航天器不再是宇航员的主要任务，具有各种专业技能的宇航工程师才是宇航员的主流。特别是现在，火箭发射时的超重已可控制在3G左右，这是一般人能够忍受的范围，而对失重的适应可以通过专门训练来实现。因此对宇航员某些方面的素质要求甚至已可放宽到飞行员以下，例如多数飞行员对视力要求很高，而有近视等视力问题的人仍有可能成为宇航员。

　　当然，作一名宇航员仍需要很高的素质。首先是坚强的信念和乐观、稳定的心理状态。因为宇航员常要在远离基地的太空独自或与少数几个同伴一起面对各种复杂、危险情况。虽然地面指挥中心会尽力协助他们，但很多事，特别是具体操作仍然只有宇航员自己才能完成，这种时候良好的心理素质往往是问题得以解决的关键要素。

　　第二项是渊博的知识和专业技术。宇航员进入太空是为了完成任务。由于目前航天发射的成本还比较高，每次航行往往要进行多学科、多项目的

073

不同实验,每个宇航员都应具备尽可能全面的知识和技能,当然这需要长久的专业训练才能达到。

最后才是身体素质。具体说,超重耐力要求头—盆过载3G,峰值持续30秒,胸—背过载4～8G,峰值持续约50秒;低压缺氧耐力要求在半个大气压下不晕厥,瞬间气压变到相当于10000米高度时不应出现减压病症状;前庭功能,要求能在一定程度的各种方向加速度及冷热刺激下,不出现不良反应;此外,为了在返回地面后不出现站立困难,还要有相当水平的下体负压耐力和头倒位耐力等。

名词解释

过载:过载是"过载荷"的简称。物体所受的力大于其在地球表面的重量为"正过载",也称"超重";反之,如果物体所受的力小于其在地球表面的重量,就是"负过载",即失重。过载值常用多少个G来表示,G值定义为物体所受的力与其在地球表面的重量之比,一个G就是重量的一倍。一个质量约80千克的人在3G的超重状态,身体所受的力将近2400牛顿,也就是三个同样的人加在一起的重量。完全失重时负过载为1G,此时物体不受重力作用,或所受重力作用与其他力抵消。在自由下落的电梯,或轨道运行的飞船中的人和物体,如果没有特殊情况,就处于完全失重状态。

上述素质有的要求宇航员申请入选前就已具备,更多的则需要在入选后的严格训练中培养。目前美国、俄罗斯和中国等国家都有宇航员训练中心,在那里宇航员的知识技能和身体、心理素质都能得到全面的训练与培养。

我国的航天员需要在中国航天员科研训练中心培训3～5年,目前已经有14人参加了"神舟"系列飞船的载人飞行。

中国航天员标识

中国航天员训练中心实验舱

宇航员训练课程

身体素质训练，目的是让宇航员的身体条件达到在整个航天发射—回收着陆循环中不出现异常反应和不良状态的水平，并尽可能长久地保持该状态。

知识技能训练，包括理论学习和实际操作，其中比较重要的是实际操作。因为失重，在太空中很多原本十分简单和自然的动作做起来都会遇到困难，比如通常的"上""下"概念都是基于重力的方向，因此在失重条件下变得完全不适用；由于没有自身重量造成的摩擦力相平衡，在太空中行走和推拉重物和在非常滑的冰面上做同样动作相似。为了顺利完成任务，宇航员必须借助以往经验，依靠模拟环境充分训练，逐步适应太空活动。这些训练通常包括飞机飞行（失重）训练、离心机超重训练、水下失重模拟训练、航天模拟器训练等。此外还有一个很重要的项目是应急情况处理训练，包括应急穿脱宇航服的训练、模拟各种非常状况的训练、使用逃生器材的训练、各种设备的应急操作训练等。电影《阿波罗13号》中出现的应急导航和应急驾驶飞船等也属于应急训练范畴。

心理素质训练，目的是帮助宇航员适应远离人群，独自或少数人面对复杂危险状况的情形，并在宇航员间、宇航员与地面基地人员之间建立起互信及合作的心态。

任务针对性训练，宇航员在发射升空前通常要针对即将执行的任务进

075

行模拟训练,熟悉必要的操作及可能遇到的各种状况,以便顺利完成实际操作。

美国航天服

宇航服基本上有两种:

一种是用来预防失重对身体产生不利影响的"防护服",这种服装适合在舱内穿着,其内部压力通常约30.40千帕斯卡(0.3个大气压),如果要到舱外活动,需要花费约12个小时,才缓慢减压到正常情况下的约101.325帕斯卡(1个大气压),或者花4个小时吸纯氧,把体内的氮气排出去。

另一种是不依赖座舱内大气环境的"全压服"，其中包括专门设计的太空行走服和登月宇航服。因为在空间站中工作的宇航员，一年之中要有50～250次的舱外活动，不能用大量时间做准备活动。而穿上"全压服"，哪怕舱内的大气全漏光了，"全压服"内的压力还是适于生存。

从1961年美国人设计的第一代宇航服到第四代的"全硬式"和"半硬式"宇航服，宇航服已经可以量体订做了。现代的宇航服适合每个人的体形，并可以连续使用15年以上。

中国航天员穿什么

神七航天员出舱行走，舱外的航天服来自于中国人自己的设计，名字叫"飞天"，可以支持4个小时的舱外活动。舱外服为航天员提供三方面的保障。一是辐射、真空、微流尘等环境的防护；二是生命保障，也就是要保持一个适合人生存的气体和温度湿度环境；三是良好的功效保障，保证航天员穿着舱外服能开展维修器材等太空作业，因此，舱外服必须足够复杂、具有一定的强度，才能实现以上这些功能。"飞天"舱外航天服重而不笨、行动灵活，是中国舱外航天服的一大特点。设计师们在上肢的肩、肘、腕和下肢的膝、踝等关节处，使用了气密轴承。在轴承的作用下，航天员的手脚可以随意转动，同时能严格保证气密性。手背则用上了可以翻折的热防护盖片，不仅能提高手指的热防护能力，还能保证手指的关节活动性。为每位航天员量身定做的手套采用"三维数字扫描技术"，既灵活又安全。航天员的服装关系重大，马虎不得。尤其是航天员在轨工作生活所需的工作服、锻炼服、休闲服、失重防护服、睡具等，不仅要确保实现多项特殊功能，还要融入中国特色设计元素，为航天员增添时尚气息。设计团队在设计上紧扣"飞天梦"和"中国梦"时代主题，无论是面辅料、色彩图案，甚至服饰细部缝迹线都融入中国特色时代元素，展现中国航天员作为中国梦的太空筑梦人和守护者的美好形象。

078

中国航天服

飞天舱外航天服

航天员秋冬常服

"神舟十一号"的航天员有专门设计的跑步服，航天员在"天宫二号"空间实验室中进行太空跑台运动、骑自行车运动时穿。运动服既要在服装结构上满足失重状态下航天员肢体运动的动作变化和舒适度要求，又要兼顾狭小空间实验室内的视觉感受。所以该系列服装的衣摆、袖口、裤口宽松度都可以自由调节，衣袖、裤腿可自由拆卸组合，使用的特殊针织面料具有良好的热湿传递性、接触舒适性、卫生清洁性能，让运动锻炼服既符合功能科技要求，又具有时尚外观设计，成为"太空酷跑服"。而且，每件衣服重量误差超过1克就为不合格，特殊部位的尺寸误差超过2毫米就要返工，要求非常严格。

资料：太空飞行对人体的影响

眼睛成为感觉运动的主要途径
内耳的耳石对运动的反应与在地球上时不一样
变化了的感觉输入把大脑弄糊涂了，从而有时导致定向力障碍
体液的重新分布导致头部充血和面部肿胀

较强的辐射可能增加致癌的危险

应激反应可能损害免疫系统

返回地球后，血浆丧失引起短期贫血

承受重力的骨骼和肌肉退化

肾的过滤速度加快，骨钙丧失可能引起肾结石

体液重新分布引起大腿收缩

没有向下的力，触觉传感器和压力传感器失去活性

2002年初，美国富翁蒂托上天后，陆续又有些富翁效仿他的做法，花费重金进入太空。只要能解决收费过于昂贵的问题，到太空旅游的人会越来越多。但从技术上说，即使单纯到太空转一圈，对普通人也是巨大的挑战，因为那是与我们在千百万年进化过程中已适应的地面生活完全不同的新鲜体验。

首先，旅行者必须学会适应超重和失重。有些人可能有晕机的经历，那就是平衡器官对超重和失重，特别是失重无法适应的结果。在太空中如果没有特殊设施，人始终处于失重状态，头晕、恶心之类症状就会出现，这是最典型的太空病。其次，使用氧气面具和太空服也需要严格训练。如果只是乘飞船进行几小时的太空飞行，能适应超重、失重也就差不多了，甚至太空服也可以由地面专业人员帮忙穿好；但如果要在太空待久一点，几乎所有习以为常的事情就都变了样，甚至吃饭睡觉、大小便也都和地面不同。为了实现居住在太空的梦想，恐怕还得更进一步改变履行者自己的生活方式。当然，技术的发展也会提供一些便利。比如科幻作品中常见的让飞船低速旋转以获得模拟重力的方案可能会被采用。这样也许在本世纪中叶，到太空旅馆开个房间就真的可以成为一般人能做到的事。

不过，蒂托既然坐了第一个敢吃螃蟹的人，后来者自然就趋之若鹜。不惜重金做"外太空到此一游"的人排着队等待机会，太空旅游给渴望资金发展的航天事业带来了崭新的生机。

资料：太空旅行

亚轨道旅行：环绕地球不到一圈即返回地面的旅行。有时也称其为"弹道"式太空旅行，因为飞行轨迹与弹道导弹飞行轨迹相似。

环绕旅行：至少绕地球一圈才返回地面的旅行，加加林的第一次载人太空航行就是一次短暂的环绕旅行。

太空居住：至少在地球轨道或地球以外的其他星球表面停留24小时以上，并完成至少一个工作—休息循环的太空航行。目前多数载人航天器，如俄罗斯的"联盟TM"飞船和美国的航天飞机都具有在太空居住若干天的能力。已实现的太空居住时间最长的可过1年，但需要地面不断发射飞船补充其物资消耗。

太空航行的经济性和安全性：按照目前水平，一个人进入太空的最低费用是1000万美元以上，太空旅行事故的概率是百分之一。将来的目标是把前者降到数万美元或更低，后者则要降低到百万分之一以下。

正在与国际空间站对接的"追梦者"航天器

　　正在进行中的商业太空项目计划,太空旅游的开始,上图为设计中的"银镖"极音速滑翔机,下图为"龙"飞船

准备之三：电脑

　　尽管最初的几次载人太空飞行中不使用电脑控制，但对人类的宇航事业，电脑仍然几乎从最开始就扮演了非常重要的角色。因为在错综复杂、瞬息万变的外太空，一个绝对冷静、可靠而且计算能力超群的伙伴实在是难能可贵，虽然它和人一样，偶尔也会犯错误。

　　电脑，本名电子计算机，顾名思义，其最早的用途正是计算。然而即便当初最大胆的预言家也没有想象到它在最近几十年得到了如此迅猛的发展。也许当年在386上熬夜玩《仙剑奇侠传》的朋友们比那些预言家们更有发言权。20年来，计算机的速度越来越快，人们对计算机速度的要求也越来越高，并且越来越习惯于给它赋予计算以外的任务，仿佛它真的已经有了智慧，成为一颗电子大脑，或许在不远的将来我们该称之为"他"了。但无论是"它"还是"他"，在宇航局里，电脑的角色都不会有太大的变化，因为从一开始，这些非人类就已是人类太空探险的主要助手。

　　世界上第一台真正意义上的电子计算机"埃尼阿克"，它所领到的第一批任务中，就包括火箭轨道的运算。现在人们已经很难想象，在此之前的宇航先驱们是如何用计算尺和手摇计算机求解那些复杂数学问题的。但在那之后，这些便成了电脑当仁不让的义务，并且它们完成得十分出色。如今解算一般的轨道问题只需要普通家用电脑数秒钟的时间。不过计算能力的提高并没能让电脑像某些科幻小说描述的那样清闲下来，和人谈情说爱甚至搞点恶作剧，因为还有更多的任务在等待着它们。

世界上第一台电子计算机"埃尼阿克"

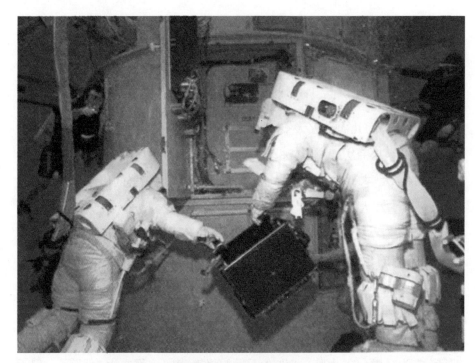

宇航员水中模拟修理计算机

美国正在研制中的火星机器人 Valkyrie

任务 1: 虚拟现实

虚拟现实是指通过计算机和外围设备实现对现实的一种模拟。它能模仿外界对人的感官进行刺激,并对人的操作反应进行反馈,从而让使用者获得类似真实的感受。利用虚拟现实系统,人们可以既经济又方便地体验、获取遥远或者危险环境中的真实经验,这在宇航员训练中意义重大。

在虚拟现实系统的模拟驾驶舱里,操作台和仪表盘和真的几乎一样,景物则通过一个特制的头盔或屏幕进入视野。利用一定的机械装置,可以模拟出各种运动方式和姿态,让人能够体验不同飞行状况下的位置感觉、重力感觉等。这些随宇航员的姿势、视线变化的景物,以及根据操作不断调整的飞行状况等,都是通过计算机计算产生并输入到模拟舱,再通过头盔和座椅传递给人。这种模拟训练带来了很多好处:第一,不必冒失事的风险;第二可以通过更换计算机软件,模拟不同的天气条件、意外事件等,而不用等待不可控制的真实条件出现;第三可以用同一个模拟舱训练不同的机型,所要做的工作主要就是更换舱内布置、操作台和仪表盘,并使用相应的计算机模拟程序;第四,可以很容易地观察记录受训者的表现,分析其技术指标,进而有针对性地在训练中加以改进和提高。最后,则是模拟训练比真实训练的花费要少得多,因为只需要一套训练系统和一台强大的电脑。

虚拟现实设备使人与电脑结合在一起

电脑模拟的飞机驾驶舱,使用者练习着陆

任务 2: 机器人

由于科幻作品的影响,类人型机器人的概念早已深入人心,但现实中的机器人通常并不具有和人相似的外形。它们可能会有更多只手,有轮子或履带的脚,也可能根本不会走路,唯一的共同点就是都有一颗电子大脑。因为不需要呼吸氧气,金属身体通常也不畏惧高低温、真空、强辐射等在太空中必然会遇到的恶劣环境,所以机器人是探索太空过程中最适当的先锋角色,尤其是往那些需要航行几十年,甚至上百年,以致凭人类寿命无法达到的深空探险任务。在那些遥远到电波来回都得数分钟或者更远的地方,地面控制中心计算机在处理即时情况时几乎无能为力,任务的成败,便全靠机器人自行解决了。

打算替人类到外星球上打探虚实的机器人

任务3：自动控制

即使不在遥远的深空，即使旁边就有一位睿智而且训练有素的宇航员，目前各种航天器以及部分普通飞机的航行控制仍然由计算机完成。因为在计算机中传递信息的是电磁波，反应速度可以达到纳秒级（10^{-9}秒）或更快，而人的反应时间通常需要0.1秒，计算能力更是绝对不及。当然，广泛采用自动控制系统的目的不是剥夺人作为飞船主人的资格，而是为了把人们从细微琐屑并且需要即时反应的航行控制和其他日常系统运转控制中解放出来，专心投入科学研究，或操作其他电脑无法自动控制的仪器设备。一句话，电脑扮演的是人脑助手的角色。当然，万一电脑出了毛病或犯了错误，人还是必须要能接管飞船，类似科幻电影中电脑叛变的情形决不允许出现。为此，宇航员训练中少不了电脑修理和维护的项目。

计算机可以执行的任务当然不止上述这些。它注定将在人类的宇航事业中扮演非同一般的角色。

资料：增强现实技术

虚拟现实技术将在宇宙航行中大展身手。首先，人不需要真正投身到具有危险性的环境中，有用的环境情况都是通过计算机产生并通过一定的装置反馈到人体的感觉器官，目前最主要的是视觉、听觉和体位感觉信号。其次，可以用相对低廉的成本达到目的，因为不需要建造完全真实的装置和设施，可以只模拟需要了解掌握的部分环境。再者，系统人员和观察人员可以同时了解到使用者的情况，获取有用数据，并及时进行监控、调整，或在紧急情况下进行干预。增强现实技术（Augmented Reatlity, AR），是虚拟技术的延伸。移动增强现实系统包括显示屏眼镜、有图形加速芯片的笔记本电脑、电池、定位和定向装置，整套系统不会太重。系统可以将计算机中的数字化信息，如文字、图形、三维动画、声音等等添加到实际的场景中。这些信息可以帮助使用者辨认道路，查询天气，了解擦肩而过的那个人是不是正在通缉的罪犯……一切使用者想要了解的资料都会即时地出现在眼镜的镜面上。科幻电影中我们看到过这种"全能"眼镜，但那只是虚构。现在，科学家们要将虚构变为现实。但我们有理由相信，航天的需要将使这种系统发展迅速，最终得以充分完善。

增强现实技术示意

6.轨道生存：进入太空要解决的技术问题

"追光者"飞船漂浮在宇宙的静寂之中，随着时间和空间的流逝，他真真切切地体会到了这个世界是多么的广大，而自身又是多么的渺小。

作为被人类文明寄托厚望的精密飞行器，曾经在人们眼中无比硕大的"追光者"号，现在看来实实在在地成为这广大世界中的一粒微尘，但也是这点微尘，也许很快就能创造出一种震惊，一种足以改变这个世界的震惊。

查羽龙《光明之箭》

冲出大气层仅仅只是航天的开始，要能够在地球轨道上生存下来，才是目的。要达到这个目的，就必须解决一系列的技术问题：航天器的姿态控制，太空垃圾的危害……一句话，不容易。

美国"阿波罗号"飞船与苏联"联盟号"飞船小心调整姿态，以便完成对接

首要问题：航天器姿态控制

　　进入地球轨道并不是航天器的目的。除了最早期的实验卫星试验飞船，很少有航天器只是为了成为一颗环绕地球的石子而被发射出去。既然耗费了大量纳税人的金钱，航天器就必须有实际应用价值。而为了投入实用,必须对航天器实施控制,这包括航天器上仪器设备的遥控或自动控制,还有航天器本身的轨道和姿态控制,以保证它按计划稳定运行。如果要进行航天器之间的对接,轨道和姿态控制更是必要条件。返回式卫星、飞船、航天飞机等为了再入大气层也要进行姿态调控,有些航天器还要做变轨机动。在宇宙空间没有大气,航天器无法像飞机一样利用翼面干扰空气流产生控制力,调整卫星轨道和姿态通常只能靠火箭一类的反作用力装置。控制信号可以来自地面或星载仪器,载人航天器一般也可由宇航员直接操纵。

典型的轨道和姿态控制系统包括轨道和姿态测量、测量信号处理、指令产生和指令执行四大部分。在太空中运动的物体可以用六个自由度来描述,即物体质量中心的三个坐标和物体绕穿过该中心三个互相垂直的轴的转动状态。质量中心运动的轨迹叫作轨道,绕质量中心转动的状态则称为姿态。最简单的轨道和姿态控制是保持一组固定的轨道和姿态参数不变,即轨道保持和姿态稳定。

航天器达到第一宇宙速度以上就可以在太空中做惯性运动,但航天器在太空中并不是完全不受力的。以在地球轨道上为例,虽然地球引力被环绕运动所必需的向心力平衡掉了,但其他天体的引力、天体磁场、光压、太阳风、高层大气粒子的阻力以及微流星的撞击等影响,都会使航天器的轨道和姿态发生变化,术语称此为轨道摄动和姿态漂移。

轨道控制是指对于在低轨道(1000千米以下)运行数年或更久的航天器。高层大气粒子的阻力是造成其轨道高度逐渐降低,最后坠入大气层烧毁的主要原因。对于地球同步轨道卫星,为了保持它的轨道周期与地球自转周期相同,也需要非常精确地保持轨道,此外如太阳同步卫星等对轨道保持的要求也很高。多数航天器通过轨道保持发动机,也就是一些小火箭或喷气装置来抵消各种外力造成的轨道摄动,保持原定轨道。

为了完成诸如轨道交会、返回大气层、向其他轨道转移等任务,有些航天器还需要进行变轨机动。典型的需要变轨机动的航天器有载人飞船、外太空探测器等。目前地球同步卫星不是直接发射入轨，也要先发射到近地的转移轨道，再经多次变轨机动进入高约36000千米的同步轨道，并通过微调漂移实现定点。苏联的核动力卫星为避免放射性物质污染环境，在星上仪器寿命将尽时变轨转移到较高轨道上以避开大气阻力，另一些卫星为了不留在低轨道成为垃圾，则在完成任务后转到较低轨道加速坠落，这都是通过变轨机动进行的。

无论是轨道保持还是变轨机动，首先要精确测量轨道。这一般是由地面观测站完成。少数卫星和远离地球探险航行的探测器具备自我定位能力，它们可通过观测某些天体或其他方法自行测定轨道。把从各种途径测得的轨道参数与预定轨道比较，可得出轨道误差，现在这一过程一般由数字计算机进行。根据算出的轨道误差，计算机或卫星控制专家可作出相应的修正指令。这些指令经过传递，最后由航天器上的轨道控制发动机组成功执行，就可实现轨道保持或修正。如果所有上述四个过程都在航天器上进行，就称该航天器具有自主控制能力。大多数航天器根据发射重量限制和实际情况不要求有自主控制能力，但行星际或往更远太空飞行的探测器或飞船必须能够自主控制，因为离地球基地越远，通信造成的延迟就越显著，这使测量和控制信号难以及时到达航天器或地球基地。此外，一些军事航天器为保密或防止基地被破坏等原因也要求自主控制，载人航天器必要时可由宇航员担负上述四个过程的全部操作，因此也属于可自主控制的航天器，但多数时候还是由计算机控制。

航天器的姿态可以用通过其质心的三个互相垂直轴上的角度表示，这三个角度称为方位角。姿态控制就是根据任务要求对航天器的方位角进行控制。多数卫星使用太阳能电池板供电，为保证有足够光照，就要控制电池板使其朝向太阳。通信卫星和其他航天器的通信天线则要指向地面，航天器对接时也要调整姿态，这都需要姿态控制和稳定。

保持航天器的姿态不变也就是姿态稳定，有主动和被动两种方式，也可以二者结合在一起。被动稳定不需要消耗能源，但不如主动方式灵活。最常用的被动稳定方法是自旋体陀螺动量法,它利用了角动量守恒规律,有整个航天器自旋(如自旋卫星)与在航天器上安装高转速质量的旋转稳定体两种。旋转稳定可以是单轴的,也可用双轴的旋转体,它通常由轴承支撑正反转的内外旋转体以实现对惯性空间定向,称为双自旋稳定。有些航天器对外表现为三个方位角都保持不变,称三轴稳定航天器。这些都可以靠旋转的动量轮稳定方法实现。

值得注意的是,有时航天器仅一部分需要姿态稳定,此时也可用角动量交换等方式通过改变不需稳定部分的姿态来调整另外部分的姿态,这样可以节约能源。科幻小说中的大型航天站常靠旋转来获得模拟重力,其实这不仅是居民有获得重力后生活舒适的需要,旋转对航天站的姿态稳定也是有利的。

主动方式的姿态稳定和姿态控制没有严格区别。和轨道控制系统一样,姿态控制系统首先也要精确测量姿态。姿态测量通常利用陀螺,此外还可以用光敏感器(如太阳敏感器、地球敏感器、星敏感器等)、无线电信号接收器(如射频敏感器)等。测得的结果与预期的或所需要的航天器姿态比较,得出姿态误差值,再解算出相应的修正信号,并传给姿态控制器,就可实现姿态控制。常用的姿态控制器有小推力(几千克就够了)火箭和冷喷气装置等,它们经常也承担轨道控制功能。

对于装有旋转稳定体的航天器,改变稳定体的转速也可控制姿态,这往往由电动机实现,那些只有部分需要姿态稳定的航天器也常用电做改变姿态的动力,毕竟电能可靠太阳能电池补充,而火箭燃料用完就失效了。此外,太阳帆也可作为姿态控制甚至轨道控制的能源,有些科幻作品中甚至出现了完全依靠太阳帆作动力的飞船,不过在轻而高强度的材料出现之前,这种飞船是很难实现的。

早期航天器的姿态测量和控制解算往往依靠地面基地的仪器,现在它们多数已小型化到可以安装到航天器上。实现自主控制是航天器发展的趋势。未来可用于星际航行的航天器必然是自主控制的。

不可忽视：太空垃圾

自1957年第一颗人造地球卫星升空起，人类已往地球轨道发射了10000个以上的人造物体，包括卫星、飞船、太空站等。人类可利用的太空（低轨道）实际上变得越来越拥挤了，而且按照目前的航天器发射频数，每年太空中还要再增加200多个不可控人造物，即所谓太空垃圾。

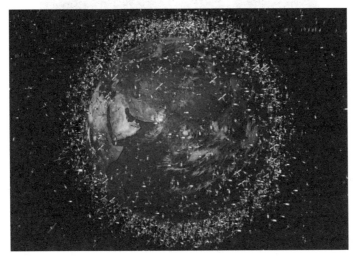

太空垃圾示意图

进入太空的物体中，运行轨道高度在500千米以下的，至少需一年才能落入大气层烧毁；轨道高度在600～1000千米的，可在太空停留约1000年；若轨道高度超过1000千米，就可能要停留上万年乃至上百万年。我们要想等待它们自然坠毁几乎不可能。

太空垃圾具有和卫星一样的数千米每秒的运行速度，因此即使质量只有几克，甚至不到一克，都会具有足以摧毁大多数航天器的能量。更小的碎片则可能撞坏航天器上娇贵的设备，如太阳能电池板等，并在航天器外壳上留下撞击的凹痕。致命撞击一旦发生，被毁航天器将成为更大的垃圾源。

到2012年还有超过4500吨的太空垃圾残留在地球轨道上。这些太空垃圾是发射太空站、卫星或飞船的主要危险。1995年,美国国家航空航天局就发现,在轨道运行的物体中,只有5%是太空船之类,约40%是废弃的太空船或废弃的引擎之类的太空垃圾。跟踪这些垃圾碎片相当困难。如1999年发射的俄罗斯"质子号"运载火箭,一节变为17块碎片,另一节则碎裂成76块。

国际空间站险些被太空垃圾击中

一些太空垃圾清理车的设计图

万一太空战争爆发，双方参战航天器的残骸也将加入太空垃圾的行列。因此有人预测，轨道"制宙权"的战争打到最后将没有胜利者。因为大量太空垃圾占用空间后交战双方都将无法行动，两败俱伤是必然结果。

处理太空垃圾目前尚无较好的方法。虽然采用航天飞机等回收垃圾，或把它们推入低轨道烧毁在技术上均可行，但成本显然过高。也许将来的航天器要装配坚盔厚甲，外加垃圾收集器来为自己在垃圾山中开辟一条生路！

有落脚之地才能有发展

客观地说,把人送上太空,并不等于人类就征服了太空。人们不会满足于在那能同时看见森林、河流和沙漠的地方,只是俯瞰地球几分钟做游览观光:只是拍拍留念照,挥挥国旗,购买一点旅游纪念品……他们有更狂妄的想法,他们想有朝一日人类能在太空出生,成长,谈情说爱,直至顺利繁衍下一代。这才算是真正征服了太空。

要在太空生活,首先需要的是空间。说白了,要有能够居住的地方。载人飞船"联盟号"和"阿波罗号"都属于第一代载人飞行器。它们内部空间狭窄,到处布满管线和仪表,宇航员们在这种地方别说享受美好的太空旅途,就是转个身都有困难。由于空间有限,他们无法进行大型科学实验活动,也无法长时间在太空生活和工作。载人飞船不是个快乐之家,而是那种顺江漂流的游览竹筏,在上面可以短时间享受漂流的激情,却要长时间忍受局促的座位和湿透的衣服。

为了改善这一情况,一种大型的太空居留飞船出现了,这就是太空站。1971年4月19日,苏联发射成功第一个太空站"礼炮1号"。它像一座港口,可以起落载人飞船,接受人员和物资的补充更新。这就大大延长了宇航员在太空的停留时间,但它依然不能满足宇航员永久性居留的目的。这种太空站在达到运行期限之后会自行坠落到大气层中。许多人都记得2001年3月23日那一天,苏联太空站"和平号"走完了15年的坎坷路程,带着它创下的无数成就,带着苏联的骄傲,带着全世界人民的惋惜从地球轨道上坠落。

"和平号"是第三代太空站,质量为21吨,长13.13米,最大直径是4.2米。其上的工作和生活舱的容积还不如普通的一个酒店套间。可以想象,宇航员们生活和回转的空间是多么狭窄。苏联宇航员季罗夫和马纳罗夫在其上度过了漫长的366天,那肯定算不上是一次太愉快的旅行。

"和平号"空间站

即便是后来的国际空间站，空间大了许多，有了设施完善的生活舱，设有供宇航员洗澡和睡眠的单独房间，舱内还有带冰箱的厨房、餐桌、供宇航员锻炼身体的运动器械。舱体上设计14个舷窗，可供宇航员眺望浩瀚的星空。但毕竟没有在地面上舒适。

国际太空站

097

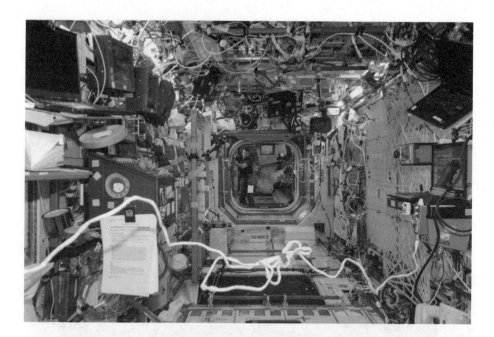

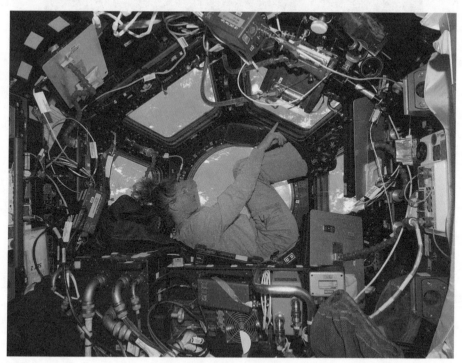

国际太空站狭窄的内部

让我们好好想象一下，太空站到底应该有多大，应该包容些什么，才能把地球上的人们、他们的人生伴侣、他们的家庭吸引到太空中去定居：漂亮、宽敞的住房必不可少，俱乐部、娱乐场所也很有必要，健身房、公园、图书馆、电影院、教堂、节假日打折的商场（这点对女人来说尤其重要，美容院倒在其次）、孩子上学的教育机构、解决麻烦的法院、治头痛脑热的医院……总而言之，地球上城市里有的东西那儿都得有。人们很容易就想到，把整个城市搬上太空，那将是一劳永逸的办法。太空城的构想因此应运而生。

早在1869年，美国科幻作家E.E.黑尔就发表了一部名为《砖月》（*The Brick Moon*）的小说。这是人类历史上第一次描述空间移民地可能的文字。小说里，有一个用砖砌成的直径600米的人造卫星，它带着建造它的工人遨游在离地球表面7400千米的圆形轨道上。

其后，俄国宇航理论奠基人齐奥尔科夫斯基以及各国的宇宙学研究者也分别提出了太空城市的理论。

1950年，英国科幻作家阿瑟·克拉克，在小说里提到太空建造可以居住的"宇宙岛"的问题。1961年，这位想象力丰富的科幻作家又提议把太空城放置在拉格朗日平衡点。这样空间站可以稳定地保持在相对于地球和月球的固定位置上。

真正从实用技术角度来精心研究和探讨太空城计划的，是美国普林斯顿大学的高能物理学家格里·奥尼尔。这位物理学家对太空移民有着莫大的兴趣。他的研究得到了美国国家宇航局的鼎力资助，其结果便是为太空人设计了一个大圆筒般的太空城市，包括了三个结构：伯纳尔球体，斯坦福圆环和奥尼尔圆筒，可以容纳人数从一万到一百万，城市通过自转来产生人工重力，由太阳能电池阵列来供电。

奥尼尔圆筒是一个双子星结构

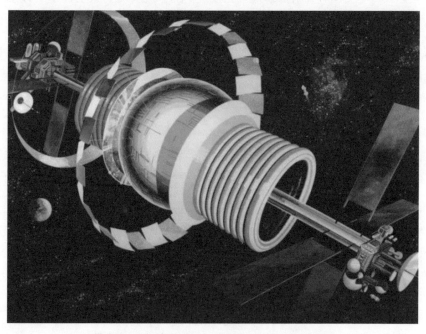

带有环形阵列的伯纳尔球体最大化了阳光照射

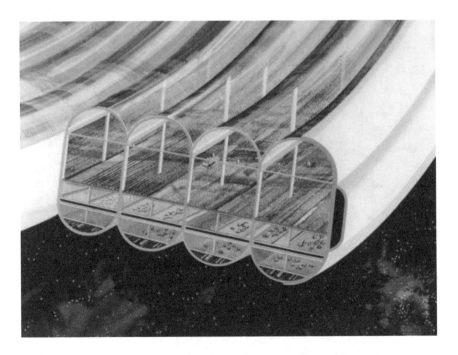

奥尼尔圆筒中的世界

要令地球人能够忍受思乡之苦,在孤寂的太空中长期生活,为其创造一个高质量的生活必不可少。要达到舒适这一程度,除空间外,环境、重力、阳光和水缺一不可。

太空中缺乏重力的环境不但会给人们的生活起居带来许多不便,还会对人体的生理机能产生一系列影响。这主要表现在心血管系统、骨骼肌肉系统和感觉系统等方面。许多宇航员长时间连续飞行后回到地面时甚至无法站立。失重虽然有趣,却是太空移民们生命中不能承受之轻。

在电影《2001:太空漫游》中,我们看到过一个太空城市的镜头,那是一个巨大的缓缓旋转的圆环。以太空城市自转模仿重力,那是一种最简单的、以目前技术能够达到的设想。旋转,成为生命之所系。毫无疑问,太空城市将是一个辐射对称体。格里·奥尼尔提出的第一个设计方案正是一个圆柱体。要达到地球重力的标准,必须让它每分钟转三转,通过计算,他发现这个速度太快了。自转将使城市里运动着的物体会有改变其运动方向的倾向（地球上也有这种力的存在，只是你可能注意不到），这种能够产生运动倾向的力叫作复合向力。由于其作用，在这座太空城市里车会斜着跑，水会斜着流，人会头晕目眩，跑错房间。于是，奥尼尔只好修改设计方案。重新设计的太空城像一个自行车轮胎，永远不停地以一分钟一周的速度旋转着。它的直径有1000米，轮胎的截面直径130米，人们生活在轮胎里。通往中心的通道像是自行车辐条。从轮胎顺着辐条可以走向相对移动速度小的中心区，那儿重力只有地表重力的1／16，做航空港正合适。我们不能不提到这个重力的变化，即便是在居住区里，从一层走到五层，80千克的体重也会变成76千克。这是个有趣的值得研究的问题。

克拉克的科幻小说《与拉玛相会》中的外星飞船拉玛正是一个旋转的大圆筒！科学家与科幻小说家这次可以说是不谋而合了。

电影中的太空城市

资料：太空帆船

有些人觉得高速飞行太过危险，要是能在太空中晃晃悠悠地像坐在游艇上似的旅行岂不更好，可是有这样的"游艇"吗？答案是：有！美国、日本和法国的一些科学家正致力于一种新的登月交通工具"太空帆船"的研究。这种体重仅150千克的"太空帆船"，拟采用约2000平方米的太阳帆所聚集的太阳能作为动力。和通常的宇宙飞船相比，"太空帆船"造价低廉，很适于普通乘客使用。但其航行速度比飞船要慢得多，由地球乘普通飞船去月球，5天时间就够了，而乘"太空帆船"则需在茫茫太空中航行半年以上。为此，一种高速航行的"太空帆船"正在设计中。预计到本世纪中期，能把到月球的航期缩短至一个月以内的高性能"太空帆船"有可能投入运行，届时登月旅游将具有更新的含义。

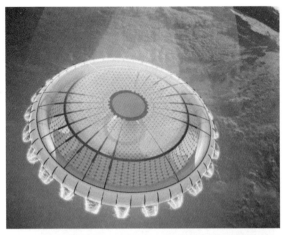

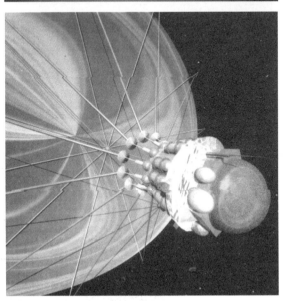

太阳帆示意图

7. 太空深处有吾家：那是伊甸乐园吗

在科幻作家笔下，我们经常读到类似的描写：建设于2038年的寰宇假日旅游饭店是月球上唯一的旅游度假设施。这座饭店以350米高的旋转风景餐厅和2套豪华总统套间闻名于世。月球上的小重力和无大气环境使饭店轻易就修建到了这个高度。在旋转餐厅里一边享用月球工厂里生产出来的蔬菜，一边俯瞰宇航中心和浩瀚的月面，或者仰望灰黑天空上晶莹蔚蓝的地球，被许多人视为梦想的极致。

在太空深处安家，真的是美梦吗？

太空建筑

生命的另一要素是阳光。太空中有着取之不尽、用之不竭的阳光，但为了防止致命的太空辐射，太空城市的外壳必须严严实实地覆盖一层两米厚的月球矿渣，其隐秘程度比中世纪骑士的全身铁甲有过之而无不及。太空城中的人们无法直面太阳，阳光必须通过一些大型反射镜反射到太空城内部。不过，这样太空城里的天空就是白亮亮的一片，没有上午下午黄昏早晨之分了。稍微好一些的解决方法是让那些镜子在适当的时候转动角度，改变射入的光量。事实上除非保持太空城和太阳的相对位置，否则反光镜就算不转，入射光亮度也会随太阳所在方位的变动而改变。

未来的太空城市

一座火星别墅的剖面图,每座别墅都是一个自给自足的系统

对生命来说,水和空气的重要性不言而喻。由于外来的每一克补给都弥足珍贵,太空城将基本是个封闭的生态系统,每一滴水和每一缕空气都是重要的,废水和废气必须加以循环利用。在人造大气系统中,太空城的总气压只能维持在标准海平面大气压的一半左右,这对人的生存已经足够了。

107

太空城大气的氧分压和地球上的标准大气相同；二氧化碳分压要比地球上的标准分压稍高一些，这主要是为了提高农业产量，它们可以通过农业区和植物的光合作用完成循环重利用；氮气分压则要比地球上的标准低一半，氮气的主要作用是预防某些呼吸道疾病，防止氧中毒和火灾的迅速蔓延。重力、空气、阳光和水，在这个太空城市方案里，一切要素都齐全了。是不是拥有了类似地球的环境以后，我们就会心满意足地留在这儿，过我们梦想中的生活？

未必如此。

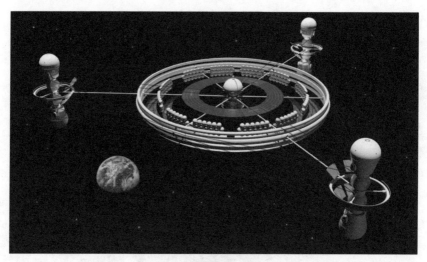

法国人设计的太空城市

迄今，所有电影中太空城的镜头一直是以高科技产物的面貌出现。那些巨大的钢结构建筑，超尺度的框架，冰冷的金属，给人带来极度的震撼。大尺度使得它们很难有一个雅致的外貌。例如一个太阳能卫星站的构想，它的太阳能电池板的长度是10500米，宽5250米，仅仅是安装电池板的构架就高达463米。这个高度超过了北京的中央电视塔。它们的宏伟尺度带给人们最初的激情过去之后，人们又会觉得缺少点什么。

不错，激情和工业主义后面缺少的那样东西，就是人文主义的关怀。

人类是一种多愁善感的动物，他需要温情的抚慰。我们还记得，在20

世纪20年代末现代主义思潮冲击下大量产生的国际式建筑。它们在极度讲求功能和效率的同时，又因平板枯燥、乏味、不考虑人的感受，而带来了一片反感和批评之声。当现代主义建筑大师雅玛萨奇的一栋著名的办公楼被炸毁改造的时候，一位建筑诗人激动地宣称"现代主义建筑死亡了"。因此，我们不会在太空中重蹈覆辙，冷冰冰的现代技术派建筑将会被摒弃到角落。远离地球，会让更多的人怀念起埃及的粗大石砌块，中国江南水乡的白墙黑瓦，美国西部草原的粗犷风格。不可否认，人文精神将进入太空。在太空城中，如何重塑一种人情化的、甚至是怀旧情绪的建筑，并且要和多少有点古怪的环境协调，将是太空建筑师的一大难题。

我们还可以想象，这里的天空高度只有130米，大约是40层楼的高度。这儿的外部空间要么幽闭窄小，要么通透开放。在一些经特殊处理、能够防止太空辐射的地方，如太空港和太空酒店，透过玻璃，可以看到广袤无垠的宇宙空间。人在这种情形下，不是得"大空间恐惧症"，就是得"幽闭恐惧症"。

在太空城市内部，设计师们竭力想创造宜居环境

也许有人会说，科技的发达使人类完全可以用一些大屏幕布景、全息投影或者虚拟现实技术来塑造天空和窗外的美景。通过这些技术，太空居民们可以看到窗外的森林、草原，以及顶着皑皑白雪的高山，仿佛他们应有

尽有。但是虚假的东西总是虚假的，当在这种"自然风光"中成长的下一代人（太空城上出生的一代人）从欺骗中醒悟过来时，是否能够承受得住这种打击？

中国科幻作家吴岩在其小说《窗外》中探讨了这个问题，最终他笔下的人物采取了一种理想化的反应态度。至于现实生活中这种打击给人们带来的心理问题，则肯定要严重得多。

假设一切设计完善，太空轨道一切正常，陨石也不来光顾，老鼠被猫吃掉，可怕的疫病也没能摧毁农场的生态，人们生活愉快，那么还剩下一个最后的问题，一个值得所有人深深思考的问题：我们创造了这座城市，而这座城市会给我们带来什么样的居民呢？

以前有过那么一些伟大的城市，亚历山大里亚、长安、昌迪加尔，还有巴西利亚。那些城市创造了一种生活。每一条街道，每一个广场，每一片或精巧或厚重的檐瓦，都渗透着城市的思想在里面。居民们就生活在这种思想当中，呼吸着它的灵魂，倾听着它的声响，那么太空城将塑造出什么样的居民呢？

比如说，这儿的城市布局规整，秩序良好，没有天高地阔和雨露山岚；这儿四季如春，阳光明媚，没有朝云暮雨和清风明月。由于人数的严格控制，来太空城的人多数会受过高等教育，这更会使他们成为一个趋向理性的民族。它会不会成就出一个缺乏浪漫的民族，一个缺乏诗人的民族？

由于能提供高精尖产品，出售取之不尽的能源，他们会变得很富裕，他们与地球人之间很快会形成强烈的贫富分化；由于高等教育人数的比例和高科技公司的众多，他们的科技水平很可能飞速发展；有那么一天，他们可能会看不起依旧蹒跚在地面上的那些愚蠢的贫穷的地球人，可是他们还要向地球交纳高额税款。早在1993年，哈佛大学教授亨利顿就提出了"文明冲突论"。他的基本观点是，未来世界范围内的冲突，将主要源自于"文明间的差异"。那么在这道新造就的硬生生的文明鸿沟面前，在第一代对地球还有强烈的家乡情感的太空居民们老去以后，他们繁衍的第四代第五代还是地球人吗?

这个问题已经不是一个太空建筑师可以回答的了,也许,这需要一个科幻作家才行。

太空娱乐

科幻小说中宇航员的每日生活是相当枯燥的,他们都是专业人士,任务明确,所谓娱乐也就是玩玩电游看看视频。住在太空城市的普通居民生活应该安逸得多,会发明很多新的娱乐项目。

先要说说娱乐的基础环境。太空里失重是常态,即使是在旋转中的太空城市,它的中轴地带依然是失重状态。人在太空的基本运动方式不是走路,而是在空气中"游泳"。另外,太空中动植物都能生长,但与地面上截然不同。比如植物只凭向光性伸展自己的身体,光源在哪里,它们就往哪儿长。比起地面上来,它们长得有点儿乱七八糟。动物的变化更大。比如一个适应了失重环境的人,体重应该是30千克左右,皮肤薄,双脚出现趾间粘连,而且像鲨鱼一样,全身都是软骨。

那么,有空气,也有生物圈,这是太空娱乐的基本环境。

太空冲浪

当太空建筑有了一定规模，一般来说都要旋转起来以产生人工重力，因此，中轴线附近的失重区域是最热闹的地方。另外，球形城市的"腰带"部分重力最强，可能成为河流或交通干线，某些非常吃力的体育项目会在那里设置竞技场所。

太空中的游戏会有很多新名堂。比如将一个小行星凿空，穿进一根"顶天立地"的大玻璃管，人在管子顶端往下跳。当他穿越小行星的中央后，重力就开始把他拉回，这样，他就以小行星为中心上上下下地振动着。不过这种振动的振幅可能是以千米计算的。这样的游戏可以叫"秋千"，因为二者原理完全一样。如果嫌小行星的重力太小，可以用一个人工重力发生器来代替它。

地球上的某些运动项目也能在太空中进行，但肯定会面目全非。比如网球，比赛场地是个圆筒，两个人各站一端打球；足球的话，人们戴上拳击手套，穿上脚蹼，互相配合着把球往对方的球门里打。这更像手球。身体接触会比地球上更激烈，由于是立体球场，人们运动速度又很惊人，所以比赛场地非常大，容纳的观众多如蚂蚁。一般情况下遇到重要赛事，市政当局会开放城市中轴线地带，把它完全变成个大赛场。

人类难得体验到靠自身体能飞翔的乐趣，所以在太空开发的初期，大家肯定会对立体的生存空间充分利用，或者说整天飞来飞去地瞎逛。太空赛跑是最常见的活动。一般来说最好的装束就是脚蹼加流线形的海豚服。不过制动很困难。为了能让自己停下来，人们要带上降落伞之类的东西。可孩子们不管这些，他们喜欢利用自己身体柔软、转向灵活的优势，结伴啸聚飞掠过城市繁忙的交通干线，经常撞得鼻青脸肿。这有点像《哈利·波特》中的魁地奇扫帚。

还有一种比赛也算赛跑。它的场地是个圆筒，两个人反方向在圆筒内壁上奔跑，比赛的结果就看圆筒朝哪个方向转。这游戏的原理可以在美国伐木工大赛上找到，只不过伐木工蹬的是在水中悬浮的圆木。

微重力跳水也会是个好项目。在太空城的腰带河上架设一个高空蹦床，人们在下面的河边跳台上站好，起跳方向是头顶的蹦床床面。一个空翻踩到蹦床后，头朝河面猛力一蹬，如离弦之箭向下扑去，同时做出各种难度动作。速度和动作的难度是比赛的重点，但不会再考虑地球人的所谓"压水花"技术。因为入水后那个缓缓升起、似乎永不落下的大水花很对观众的胃口。实际上水花的大小和形状特点也很可能成为比赛记分的因素。

介于体育和交际之间有一些活动可以设想出来。最简单的想法大概是一对单身男女用一根长绳子互相拉着，缓缓旋转，当音乐激烈的时候双方同时使力，沿着绳子靠近。如果掌握得好，两个人不会失控而使旋转速度大幅提高，如同陀螺。当然年纪大大的人还是别试，小心脑溢血。

至于复杂的太空舞蹈，只有一句话——无法用文字说明。

太空城里靠水来玩的项目也不少。水的特点是摩擦力大，声音传播效果好，人们很可能会大举开发水中弹奏的乐器。至于用水作为运动场地，有这么一个设想：在太空，气泡是悬浮在水的各个深度上，人工造一个气泡矩阵，让人们到水里用兜网把它们俘获。参加比赛的人不能带氧气瓶，只靠俘获的气泡维持自己呼吸。最后看谁占有的气泡大谁就是胜利者。

对不太爱动的人来说，立体围棋是个心仪的选项。地球的平面围棋放到太空上，必然是三维立体棋盘，规则会发生很多变化，对脑力的挑战也更厉害一些。

太空环境比地面复杂多了，因此可能出现的体育和娱乐项目之多，完全超出了我们的想象力。那将是个幸福的时代。

太空游戏组图，自前至后依次是：太空橄榄球、太空舞蹈、太空游泳和游泳者、鼠笼游戏、太空网球

太空经济

　　尽管技术上没有太大困难，但建立一个真正太空都市离现实还是太过遥远，或许更多的人觉得能乘"独木舟"级的飞船到太空游览一圈就很好。然而，这么简单的愿望要实现起来也并不大容易。先不考虑经费问题，假定有种航天器可以廉价到把每千克质量送入轨道只要1000美元，那么一个中等体重的人花65000美元就可一圆宇航之梦。但这将是怎样的一个人呢？就他（或她）而言，梦想必然高于一切。可大多数人不是这样，一个国家或商业机构更不会，他们要进入太空，只能是为了太空的应用价值。特别是在一切用钱来衡量的商业社会里，最重要的是要能在太空赚钱，而且必须要比在地面赚得多得多！

　　要发太空财，首先从卫星应用开始，俗话说："站得高，看得远"，站到卫星那么高恐怕不是发明这句俗话的人所能想到的。但站在几百到几万千米高的卫星上，确实比地球上任何地方都看得远。遥测卫星、海事卫星、间谍卫星等等，正是现今世界上站得最高的"眼睛"。

　　充分利用轨道高度发挥商业价值的，首推通信卫星。又是那个科幻作家阿瑟·克拉克提出的同步轨道通信卫星的最初设想，而今它已是全球通信网络中不可缺少的重要环节。全球定位系统（GPS）是一种星基无线电导航系统，它借助于人造卫星发射的精确定位信号，比星星月亮更适合指引茫茫大海上的航行者、深山里的探险队员，以及都市里开着私家车出门却不小心忘带地图的人。

　　现在，除了GPS，人们还可以选择BDS，即北斗卫星导航系统。这是我国自行研制的全球卫星导航系统，是继美国全球定位系统（GPS）、俄罗斯格洛纳斯卫星导航系统（GLONASS）之后第三个成熟的卫星导航系统。北斗卫星导航系统由空间段、地面段和用户段三部分组成，可在全球范围内全天候、全天时为各类用户提供高精度、高可靠定位、导航、授时服务，并具短报文通信能力，已经初步具备区域导航、定位和授时能力，定位精度10米，测速精度0.2米/秒，授时精度10纳秒。

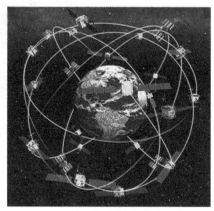

北斗卫星已经组网，全球导航即将开始新篇章

现在，卫星定位早已经不是什么高端应用。普通人的手机上都可以下载一个地图软件，寻求导航帮助。而精准定位，方便了寻找和提供餐饮娱乐加油等服务的人们。

早在1945年，阿瑟·克拉克就在《地球外的中继》一文中探讨了通信卫星的可能。随着通信卫星的发展，这个令人惊叹的预言很可能会被实现。卫星的发展，不单在诸如电视之类的大众媒体领域做出了贡献，在每个普通人的生活中同样起到了不可替代的作用。随着通信卫星以及通信技术的发展，智能手机已经融入每个人的生活中。

北斗应用组图,依次是北斗授时表,中国航天北斗 GPS 双模导航模块,北斗导航仪

　　除了轨道高度,太空严酷的环境有时对某些特定的应用也十分有利:没有大气层波动的干扰,遥远的星光将不再闪烁,所以哈勃望远镜才能以不太大的口径窥探宇宙的尽头;探测高能宇宙射线在无遮挡的外层空间比在地球上任何高原更好。真空有利于冶炼需要避免氧化的金属。高真空是超洁净资源,因为其大气密度与大气中所含尘埃数的密度极低。目前太空制药的某些实验表明,其纯度要比地球环境高100倍。失重则使一些原本不能相融的物质完美地混合起来,或许将来某些工业品将打上太空制造的标签;在太空中经过失重、辐射等特殊条件考验的良种花草和蔬菜也已走进人们的生活。最后,由于进入太空对动力、材料、机械、电子等科技全面提出了挑战,其结果必然带动人类科技水平的整体进步。

　　据说在任何社会和时代,"今天天气……"这样的句子都是人们最常用的句式之一。在现代的日常生活中,对天气预报的关注和嘲笑,使之更成为经久不衰的话题。尽管人们对天气预报的准确性仍然存在着种种不满,然而天气预报,尤其是大范围(空间)或大跨度(时间)的天气预报,确实已经成为现实。这里面,气象卫星功不可没。早期的天气预报,主要的手段都是通过分布各地的气象观测人员记录每日的气温、风力、湿度等等各种参数来预测天气。这种方法对大面积地区甚至全球的天气预报,还有长期的预报都无能为力。气象卫星的发展使我们能够在地球上方直接观测、跟踪云层并记录各种参数随地域、时间的变化。事实上正是气象卫星的发展，才使天气预报成功地登陆在报纸、广播以及电视中，成为每个人生活中不可缺少的信息。现在的气象卫星已经不仅仅具有简单的天气预报功能，它在农业、地球科学等领域都有着及其重要的应用，这种应用，说到底仍然和每个人的生活息息相关。

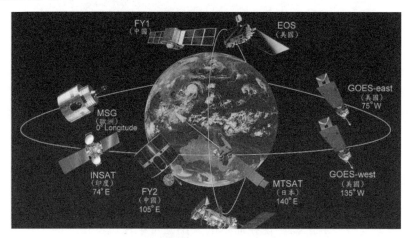

地球同步气象卫星监测网

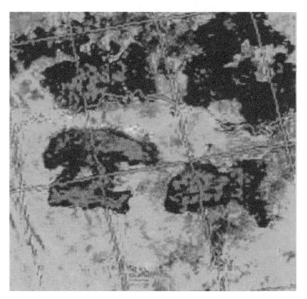

气象卫星发现火情

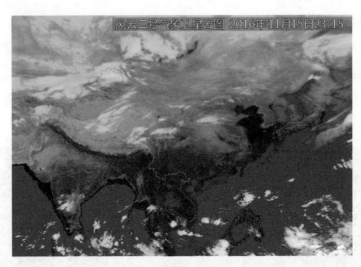

风云二号气象卫星云图 2016年11月15日23:15

气象卫星的云图

　　许多曾专为太空计划开发的新技术、新材料、新设备,如今早已变成普通人也可享受的商品。如果不寻根究底地调查一番,很多人根本不知道它们原是太空科技的产物。现在通行的家用磁带录像机就是一例。它是日本索尼公司专为"阿波罗"计划中记录登月过程而设计的。当时美国国家航空航天局急需一种能替代普通摄影机的产品,其要求自然是体积小,重量轻,性能可靠。结果索尼一标中的,除了拿下这笔合同,也奠定了它在家用磁带录像机领域的绝对统治地位。这一点恐怕连美国国家航空航天局官员们也未曾预料到。"阿波罗"计划每投入1美元就能获得4～5美元的产出,派生出约3000种应用技术"成果",显示出了太空科技的巨大潜力。

　　在许多人眼中,太空遥不可及,研究太空更是毫无必要。其实,抛开太空研究的科学意义和精神内涵,单单是太空科技发展本身便已经为我们带来了极大的好处,甚至可以说是改变了整个的人类社会。下面几个小例子也许会对我们认识这个问题带来一些帮助。其实,无法认清太空科技意义的原因不是因为它离我们太远,而是它离我们太近了。

　　气象卫星与通信卫星,可以说是太空科技对我们生活的"直接"贡献。事实上,不断民用化的太空科技以及和太空探索相关的其他产业的发展同样对人们的生活起着重要的作用。例如早期的计算机发展，就是因为弹道导弹的复杂轨道计算的需要，而后的"阿波罗"计划更是刺激了计算机的研究。对于摆脱了重力之后的太空微重力资源，目前应用比较多的是冶金。地球上有些合金在重力环境下就好像水与油一样是要分层的，但在微重力中却可以很好融合，从而冶炼出新的合金，制造出新材料。钛等一些因为太空探索需求而研发出的稀有材料，它的低廉化、批量化也让很多人切切实实地感受到了太空科技的好处。不少人的眼镜腿便是因为用钛制造的，而不再受老式眼镜腿铜锈的困扰。

　　经常被提到的"太空植物"，就是经过太空中的强辐射极大地改变了植物后代的性状，从而孕育出地球上没有的品种。还有相关的精细加工技术、化学合成技术、低温技术等等都直接转化为民用或者间接地推动了民用技术的发展。例如1972年，美国坦普尔大学的克莱因法律图书馆因为救火而导致约6万本图书被成吨的水完全浸泡，而很多书是不能移动的，这使重新干燥这些书籍变得极其困难。这时，有人想起了被用于月球陆地漫步者和雨云气象卫星上的真空舱。于是，人们通过各种手段将房间密封并抽出空气，使其内部气压降低到近似于太空的压力。在此过程中，水先是蒸发然后在接近真空的环境中结冰。24小时后，热的氟利昂气体被引入到真空的房间中，使冰融化并顺着排水管道流走。经过几次循环，全部书籍便毫无损伤地完全干燥了。

科学家利用独特的太空环境育种，培养出更好的农作物

用上过太空的种子种出来的南瓜

在生物材料加工方面,已分离出地面很难分离的哺乳动物特化细胞和蛋白质,分离纯度比地面高4～5倍,速度提高400～700倍,这些都给药物学研究带来了新的生机。一些地面不能制造和提纯的药物,在空间这个优良的实验室中就可以完成。美国已利用航天飞机在空间生产出产量大、纯度高的贵重药物,展示了利用空间环境生产生物制剂的光明前景。太空科技对人类生活直接或间接的改善一直没有停止过。美国航空航天局就专门有负责"技术商业化"的部门,并进行了几十年的工作。

20世纪90年代以来,中国的航天事业有了长足的发展,而且在发展自己宇航事业的同时,积极推进太空科技的民用化、商用化进程。我国载人航天的直接效益、带动效益和辐射效益也已达到了数百亿元的规模。我国卫星应用产业迅速发展,年产值已超20000亿元。航天拉动基础产业,航天技术、有效载荷技术、信息处理技术等需要机械、电子、材料、能源、通讯、信息等产业发展的支持,通过技术发展的需求效应,对上述行业形成强烈有效的激励和带动作用。中国近年来开发使用的1100多种新材料中,80%是在航天技术的牵引下研制完成的,有近2000项航天技术成果已移植到国民经济各部门。从产业配套的角度,航天制造业可以直接拉动元器件及分系统、原材料等相关配套产业的发展。 其次,带动应用产业。航天技术及其产业化发展将不断促进卫星遥感、卫星通信、导航定位、数字地球等相关产业以及信息产业发展。卫星导航定位、地理信息系统、卫星遥感和卫星通信之间的融合,网络个性化移动信息等多种组合和形态,将为卫星应用打开一个个崭新的领域。

这些年来,我国利用返回式卫星先后开展了100多项材料加工和生物学方面的研究,取得了初步成果。在我国发射的返回式卫星上进行的空间生长砷化镓试验,使我国在大功率微波元器件和大规模集成电路应用方面取得了突破性成果。我国先后共有70多种植物的1 000多个品种的种子进行了太空育种试验,通过国家审定的品种已经有38个,80多个品种在大面积推广。以前太空育种多集中于水稻、小麦及蔬菜,而现今已经延伸至林业中的用材林木、城市森林景观的园林植物、还有当今被称为能源植物的油料植物,其中部分品种已经大面积推广,特别是在广西、福建、甘肃都有大面积种植。空间科学向农业育种的渗透,有可能发展成为空间诱变育种的一个新的边缘学科。 我们期望着太空科技能够带给人类越来越美好的生活。

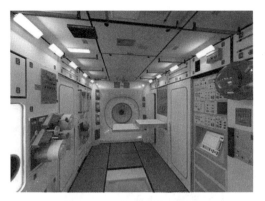

俄罗斯计划推出的太空旅馆

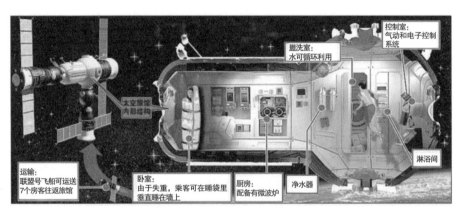

控制室：
气动和电子控制
系统

盥洗室：
水可循环利用

太空旅馆
内部结构

淋浴间

运输：
联盟号飞船可运送
7个房客往返旅馆

卧室：
由于失重，乘客可在睡袋里
垂直睡在墙上

厨房：
配备有微波炉

净水器

俄罗斯太空旅馆的内部结构

美国研制的充气式飞船

科技篇 深入太空

资料：太空科技的几方面应用

北斗：北斗全球卫星导航系统计划由 5 颗静止轨道卫星和 30 颗非静止轨道卫星组成，计划 2020 年建成。提供覆盖全球高精度、高可靠的定位、导航和授时服务。2016 年，我国成功发射了第 22 颗北斗导航卫星。卫星导航已经在军事、农业、航空、环境、海运、公共安全和灾难救援、铁路、空间、勘测与绘图和定时上有了丰富的应用。北斗除了像 GPS 一样用无源接收机工作之外，还有两个独到的功能，就是用有源接收机（接收机主动发信号给卫星）和收发短报文（卫星短信）功能。中国自主建设、独立运行的卫星导航系统"北斗卫星导航系统"将于 2020 年完成全部建设，并面向全球用户提供免费公开服务。

太阳能：1954 年，美国贝尔电话实验室制作出第一个具有实用价值的太阳能电池。最早使用太阳能的则是美国的"先驱者 1 号"人造卫星，它于 1958 年 3 月升空，搭载了 6 片由 18 个太阳能电池组成的电池板，以推动卫星上的无线电设备。太阳能随处采集、源源不绝、零污染、花费小的特性，随即被社会广泛应用。为了更直接而有效地利用太阳能，科学家们设计在太空建设发电厂，将超大型太阳能电池板送入环绕地球的轨道，在太空中搜集太阳能发电，然后将电力输送到地球，供人们日常生活使用。预估每 1000 千瓦的太阳光发电容量约可节省 300 千瓦的传统发电容量，可以有效缓解地球的能源危机。

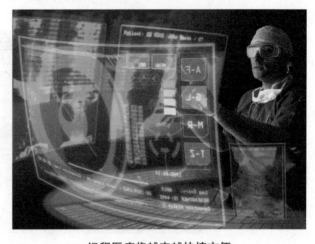

远程医疗将越来越快捷方便

远程医疗：由于宇航员远在太空之中，万一出现身体不适，只能通过远程医疗系统与地面取得联系，由地球上的医生提出解决方案。远程医疗系统由此发展起来。网络的发达，使医生可在计算机前将数百甚至数千千米外病人的血压、脉搏及肌肉收缩等数据看得一清二楚，甚至可看到病人的表情，通过网络将医生的处方告诉病人，再将处方传到社区的配药中心。对于疑难重症患者，可以集中全世界的专家进行会诊，最大限度地利用医疗资源救助病人。

太空战争

它们确实是宇宙，布满繁星。一些小小的、闪亮的金属盒子在朝着这些星星飞驰，吞噬着光年，以计算好的、可怕的轨道深入太空。这些金属盒不久就会，或许已经到达，刺探大气层，爆炸开来，散成看不见的、致命的病毒雨……

艾萨克·阿西莫夫《空中石子》

太空战争如果爆发，一切都将是毁灭性的

最后，也许只是万一，人类不安分的天性或者注定了要面对这一天，我们将不得不拿起武器，走向战争……

"太空是人类最后的边疆"，这说法可以有两个不同的解释：其一是人类将致力于探索无尽的太空，就像过去探索边疆地区一样；另一个则是人类将把太空作为新一轮军事争夺的战场。举例来说，尽管有国际条约限制，有倡导外太空非军事化的国际组织，太空中各国军方的航天器还是越来越多。美国的航天飞机就有一架属于军方，GPS最初是为了军事目的而建设的，并且目前也在引导着一批批军用飞机和导弹，奔向它们或光明正大或不可告人的目的地。各种间谍卫星、监视卫星、具有军事目的的轨道飞行物更是越来越多，这还不包括那些军民两用的及可为军方所征用的民用航天器，也不包括和航天技术一脉相承的导弹技术，后者因为对轨道运行要求不那么严苛而被相对较多的国家所掌握，但也因此成为这个不太稳定的世界最大的战乱源之一。

纵观人类发展史，几乎每项新技术都会被投入军事应用，太空这块全新的疆土更是自开发之初就蒙上了军事化的阴影。首先，美国与苏联争霸是人类太空探索自20世纪50年代末以来突飞猛进的最初动力。现在，随着商用卫星，尤其是通信卫星的普及，可以说每个人都知道了太空的巨大军事潜力。基于"制信息权"的观点，美国有人提出，"有能力控制太空的国家，就有能力控制国际通信，控制陆、海、空之

俄罗斯以S-300V迎战美国的NMD

间的联系。谁控制了太空，谁就将控制地球的命运！"。看来，打一场太空战争的时代，已经无可奈何地到来了。

控制空间（制宙权）的含义十分明确：监视空间；阻止对方使用空间和公共或已方航天器；保护已方航天器，确保其自由进入空间。

战争武器

在太空中作战，即使是轨道上作战，交战双方的相对速度也相当大，因此攻击手段的速度就相当重要。在很多科幻作品中，高能武器扮演了重头戏。无论是太空对太空，还是轨道对地面，高能武器都被当作最重要的打击手段来描述。那么，高能武器究竟有没有那么大的威力呢？

提到高能武器，第一要说的就是激光武器。激光武器顾名思义就是使用高能激光对目标进行杀伤的武器。由于激光是近乎平行的光线，所以能量十分集中。在小说和影视作品中，激光武器可以说是上打飞船下打坦克无所不能；在实际中，激光在太空作战或轨道作战中确实相当有用，但也有它的致命弱点，那就是在有大气的情况下，比如进行地面对太空或太空对地面作战时，受天气和热晕效应的影响相对会比较大。

首先，尽管激光能量密集，但它毕竟还是一束光，具有光的特性，在大气中要受到折射和反射效应的衰减，而且一旦有烟雾或者云层，激光便无法穿透。从某种意义上说，激光武器如果碰上了烟雾，大概比一根烧火棍强不到哪儿去。比起天气来，大气的热晕效应恐怕更加制约了激光武器的使用。热晕效应是指高能激光在大气中运行时，将周围空气急速加热，受热的大气成了一组组透镜，改变了激光光束的特性，大大增加了激光的扩散系数。大家通过火焰上方看到火焰后边的景物会产生变形就是这个道理。美国曾经从地面通过地球大气向轨道上的反射体发射一束能量并不很高的激光，最终在反射体上形成的光斑直径达4.5米！

如果说一般的大气损耗还能够通过增加能量强度来克服的话，那么热晕效应将随着激光能量的增强而加强，要通过这个手段克服热晕效应是行

129

不通的。如果要克服热晕效应，就需要探明当时当地的大气情况，计算可能产生的透镜效应，然后将发射的激光用一组透镜事先进行调整，才能在某种程度上减轻热晕效应的影响。

美国研制的反卫星反导弹激光器，干脆搭载到了波音747上飞到万米以上大气稀薄的高空，以避开稠密的底层大气带来的严重热晕效应。当然，在物质稀薄的宇宙空间，激光还是有它的作用的。但是，激光武器要进行硬杀伤需要对一块小的区域进行或长或短的持续照射，如何做到这一点也是需要解决的问题。另外，还要提到一点的是，激光在宇宙空间传播时，从侧面是看不到光束的。在影视作品中，太空大战激光束乱飞的壮观场面，可以用一个词来概括：瞎掰。

除了激光，粒子束武器也是一种重要的高能武器。它是将亚原子粒子加速到每秒数万乃至数十万千米，然后再由磁场聚集成束发射出去，利用粒子的动能和传播过程中尤其是穿透目标时所产生的射线对目标造成杀伤。相比激光武器，粒子束武器不存在需要维持照射的问题。它可以快速转移火力，同时不受云层、烟雾影响，而且发射粒子束不需光学器件，不受辐射的影响，传输的能量比激光大，杀伤手段也要比激光多。就算没有直接命中，粒子束产生的辐射也会引爆目标中的核装药或普通装药，或者破坏目标中的电子设备。

从某种意义上说，粒子束作为太空战的武器比激光要好。但是粒子束也有它的致命弱点。粒子束在大气中会受到严重的衰耗，射程只有几千米就衰耗殆尽。而在太空中，由于发散效应，即便是非带电粒子束的射程也只有几十千米，顶多上百千米就发散净尽了。带电粒子由于本身的斥力几乎无法在太空中使用，并且粒子束武器受重力影响也比较大。这些问题制约了粒子束武器的使用。在小说和影视作品中，那些射程几千、上万千米甚至以光秒计的粒子束武器，恐怕不是我们这个世界可能生产的武器。

等离子体武器可以分成两种。一种是在大气中使用的，利用微波聚焦在某一区域产生密度和电离度都相当高的等离子云团，在目标进入后，电磁感应使得飞行器产生极大的旋转力矩,最终被强大的离心力撕成碎片。但是,这种武器在缺乏介质的太空中是不可能使用的。另外一种就是像粒子束武器一样,只不过投射的是等离子体而已。等离子体带电,能否在太空中使用仍然有问题。

实际上,除了激光已经能够部分投入使用,其他高能武器都面临着很严重的瓶颈。比如粒子束武器和等离子体投射武器都需要强大的磁场。即使是激光武器,激光功率的提高也受到了光学部分的材料的严重制约,除了攻击现时十分脆弱的卫星和弹道导弹弹头,激光武器还不能破坏比它们结实一点的东西。

美国的机载激光系统**ABL**

资料：机载激光武器

这里展示的是美国研制中的机载激光武器（ABL）图。ABL 研制的目的，是要通过波音 747 飞机上安装的激光武器，从高空攻击敌方的战区弹道导弹和防御低空飞行的巡航导弹，同时压制敌方防空力量，攻击地面上尚未发射的敌方导弹及其控制雷达。2012 年，美国国防部决定终止 ABL 机载激光器（Airborne Laser）研发项目。在此之前，该项目研发时间已经接近 16 年，总耗资超过 50 亿美元，并且进行了数次弹道导弹拦截试验。尽管 ABL 项目已经被终止，但通过实施该项目，美国在激光器技术、能源制备和光束控制等领域均取得了很大进展，这为其新型机载激光器的发展打下了坚实基础。目前美国导弹防御局（MDA）已经开始寻求可由高空无人机携带的新一代机载激光器。

除了高能武器，动能和化学能武器在太空战中也仍然有效。实际上现在所设想的太空战中（当然是实际而不是科幻作品），动能武器占有相当大的比重。因为上面所述的高能武器在技术方面仍然面临许多难题，并且在使用中往往还会有这样或那样的问题，而"简陋"的传统武器，往往能够收到很好的效果。

现在用于天战的传统武器，基本可分为几种：一种是陆地为基地（即"陆基"）或者以空中为基地（即"空基"）的武器，部署在地面或者由飞机携带；还有一种是以外太空为基地（即"天基"）。前者主要从行星上对轨道飞行器进行攻击，后者则是航天器相互攻击利器。

"地基"或者"空基"的武器已经进入实用或接近实用，主要用来摧毁低轨道的卫星和接近轨道末段的弹道导弹。比如苏联的"橡皮套鞋"反弹道导弹系统，采用核弹拦截来袭的弹道导弹，作战高度最大达 320 千米，完全可以用来摧毁卫星。美国为拦截摧毁苏联大量的低轨道军用卫星，发展了机载（由 F-15 战斗机挂载）反卫星导弹，在 1984—1986 年进行了 5 次试验，其中在1985年9月的实靶攻击实验中,导弹的动能战斗部成功摧毁了一颗运行在550千米轨道上的报废卫星。

实际上,"地基"武器对轨道飞行器的杀伤方式可以说是五花八门、无奇不有。像苏联的"橡皮套鞋"系统,其300万～500万吨级的核弹头,杀伤半径达到6～8千米。但是美国人认为使用核弹头后残留辐射物会对轨道上的己方飞行器造成伤害,所以着重发展动能拦截弹。美国的NMD系统,其核心就是动能拦截弹。

"天基"武器也主要以动能攻击为主。比如美国的"智能卵石"系统就是使用火箭推进的动能拦截器,采用伞骨状的战斗部以增加命中概率,还有用小型拦截卫星(又称杀手卫星)变轨撞击对方卫星并与之同归于尽的。实际上,即使在第二宇宙速度(恒星系内、行星系间)的战斗中,非高能的传统武器仍然有其用武之地。现在中距离的空对空导弹采用的"中段指令制导或惯性制导+指令修正+主动精确末制导"的方式在这个范围内仍然有效,从而为打击方式提供了另一种选择(实际上现在服役和设想的反卫星拦截弹也是体现了这种思想)。

超出恒星系范围的战斗,则已经不是现在的技术所能想象和描述的了,其使用的武器,恐怕现在也讨论不了。

轨道炮拦截洲际导弹想象图

导弹飞出大气层,摧毁敌人的卫星

战争形式

事实上,在人类向太空迈出第一步之后,太空战争就已在酝酿之中了。太空轨道因其高度优势被作为侦察的重要手段,同时也成为通信的有力支持。无数侦察卫星和通信卫星围绕着小小的地球不断旋转,向地面发回信息和情报,同时,洲际弹道导弹也要通过太空飞向目标,相信如果不是受到各种国际条约的约束,核武器部署在太空也不是不可能的。随着人类对太空利用的不断扩大,太空战争的研究也逐渐深入,反卫星武器、弹道导弹高层防御系统,都可以看作现实的太空战争手段。而在小说中,太空战争就更神奇得多。超过光速的飞船,相距以天文单位计的远程攻击,着实令人瞠目,但是……这究竟可能吗?

现在,就让我们由小而大,由近而远地探讨一下太空战争发生的可能性。目前最接近现实的当然是行星轨道内的战争。事实上,已经有一些用于轨道战争的武器完成了从实验到实战的过程。比如美国的机载反低轨卫星导弹,苏联反弹道导弹的射高已进入低层太空轨道的"橡皮套鞋"反导系统。还有一些已经进入设计末期或试射阶段的武器,比如美国正在发展的导弹防御系统中高空动能拦截弹以及搭载在波音747飞机上的反卫星激光器。随着科技的发展,可以说,轨道战争对于人类已是近在眼前了。

但现时的轨道战争却是一柄杀敌伤己的双刃剑,不论是破坏卫星上的观测或电子系统这种软杀伤方式，还是直接破坏卫星的硬杀伤，最后结果都是在轨道上制造众多不再受控制的"太空垃圾"。如果说用软杀伤方式仅仅是制造一个可以监视的大垃圾的话，那么硬杀伤方式就很可能会造成无数无法监控的"小垃圾"。这些垃圾将会对轨道飞行器造成致命的伤害，尤其是在地球同步轨道上，将会完全破坏掉有限的轨道资源。可以想象，一旦发生大规模的轨道战争，那么在外太空恐怕不会有真正的胜利者：在不同的轨道上遍布着大大小小的太空垃圾，轨道飞行器就算安上坦克似的装甲都不能把自己保护周全。如果发生大规模的轨道战争，恐怕过不了两天，谁也别想完好无损地把任何东西发射进太空（也许铅球能够幸免），而这两天的影响，也许过个20年都消除不了。如果战斗是发生在同步轨道，那简直就会成为几代人的噩梦了……

好了，我们再来看看行星系内的战争吧。在现代科学可以预测的范围内，行星系战争很可能发生。毕竟，登月已经成为现实。在这种情况下，双方交战的距离也不会太远，至少搜索系统还足够应付，也能够获取基本上可以说是实时的信息，可预见的武器射程也还能够够得着，进行战争的要素可以说齐备了。至于说到战争的理由……当人类能够比较轻松地利用这块空间的时候，发生作为经济和政治发展副产物的战争，大概也不是什么不可想象的事情。

正因为太容易想象的缘故，描写轨道战争和行星系内战争的作品，比起描述恒星系内和恒星系间战争的作品可以说是少得多了。但恒星系内的战争恐怕离我们还是很遥远的，而恒星系间的战争，至少在现时是一件不可思议的事情。

电影中的战舰，然而星际之间的战争形式完全会与现在不同

　　恒星系内的战争，从技术上来说，还是可以想象的。虽然通信达不到实时的效果（地球同步轨道的通信卫星信号由地面到天空再到地面就有0.5秒的时延，足够让人有感觉了），但至少搜索还能够完成，以粒子束武器不到100千米的射程来说，勉强也够用了（激光武器受到的制约太多，尽管射程远一些，但是效果嘛……）。不过这样一来，作战方式和短兵相接的区别就不会大，毕竟双方都是以超过第二宇宙速度的航速在运行，和超音速战斗机用机炮进行决斗类似，或者像风帆战舰用滑膛炮进行的战斗。

　　当然，导弹之类的武器在这个时候也还是有用武之地的。虽然它们在高能武器面前能否完成自己的使命很令人怀疑。不过好歹我们还有"饱和攻击"这一招好用，而且在双方快速接近的时候，能够留下的反应时间倒也是很有限的。在某种程度上，"距离的暴虐"限制了恒星系战争的能力，侦测能力和基本火力手段的不统一，就好像在装有现代雷达系统的战舰上安装着中世纪的石块小炮一样，除非基本火力手段有所改进，否则这种太空拼刺刀的战争很有可能会上演。

星际战争只存在于恒星系之中，能不能打起来还悬

　　至于说到恒星系间的战争，不知大家听过"交通决定战争"这句话没有。在根本没有解决大规模运输的情况下，奢谈战争未免有些滑稽。如果不解

决高超光速行驶、高超光速通信和超远距离侦测这几大问题,要进行恒星系间战争就像一个人想在大雾弥漫中游到大海彼岸,然后用一把瑞士小刀去进行抢滩登陆一样滑稽可笑。

以现在的技术手段,要到达另外一个恒星系恐怕要耗费无数代人的时间。即使他们能够繁衍生存下去,也许早忘了他们的祖先的祖先想要做什么了。不过想想这种情况也是挺有趣的,不是吗?所以,科幻作家们涉及这个领域时,首先就要让人类在那个时候解决了恒星系间的交通问题,而提到的解决方法往往就决定了战争的方式。这也很正常,战争是特殊的政治手段,而政治是为经济服务的,经济发展很难离开交通,军事行动本身也离不开交通,交通的手段经常直接或间接制约着战争的规模和方式。

总之,战争和当时的经济、技术、交通手段是分不开的,在解决这些问题尤其是各种技术问题之前,要想进行超越这些技术手段的战争是不可能的。不过,即使达到了这些条件,我们也还是希望不要爆发战争。当然,这并不是说要刀枪入库、马放南山,因为要想不打仗,最好的办法还是准备打仗。

137

腾飞篇　叩击星门

绝顶聪明的人向我们说道：

那里有光怪陆离的世界；

无数太阳在那里照耀，

人们在那里定然是子孙万代。

阿·卡赞采夫《太空神曲》

借助快速发展的计算机技术，人类的航天脚步一日千里。人类不仅飞出了大气层，第一次从太空目睹了地球的庐山真面目，而且还第一次踏上了另一个星球，即月球的土地。

但是，不但想象中的月球人没有出现，宇航员就连最微弱的生命现象都没能找到。宇航员在静寂的月球上眺望地球，感到的是前所未有的孤独和恐惧。

浩渺的星空之中，难道真的只有地球这一个生命的绿岛吗？

这个问题几千年前的古人也已经提出过了，当然他们和我们现在一样得不到答案。于是他们只能把迷茫的目光聚焦在这苍穹，久久地仰望，以慰藉那颗对登天充满向往的心。

既然月球没有所谓的土著存在，那空旷的大地正好供人类开垦。走出地球，移民其他星球，这是人类开疆扩土的本能，更是千百年来对星空的渴望。虽然40多年过去了，登上月球的地球人屈指可数，但移民月球的计划从未中止过。而且,科学家们的目光早就锁定了太阳系中距太阳第四远的行星,也就是火星。这颗与地球相似、有微薄大气的红色星球,将是人类新的天堂。

月球从地球地平线上升起

8.重返月球:翘首企盼的时刻

2001年,美国国家航空航天局发射了无人宇宙飞船"2001火星奥德赛",以加深对火星这颗"红色星球"的了解,为人类登陆火星铺路。不过,一些天文学家却深信美国国家航空航天局应首先在月球建立移民区,否则就永远不知道地球以外是否有生物存在。他们在英国剑桥举行的一个国际研讨会上指出,人类应该重返月球,并在那里建立基地,唯此对探索和开发外太空才有实际意义上的帮助,才能推动宇航科技的发展。如果将科研仅局限于执行昂贵的国际太空站任务,那么航天事业只能陷入僵局。

尽管美国国家航空航天局筹划了一系列由火星车来执行的火星任务,但人类登上火星的愿望不大可能在短期内实现。不是由于财力不足,而是因为技术问题。科学家们认为,如果人类当初不是通过"阿波罗"计划真真正正涉足月球,根本就不可能取得一系列重要的科学数据。就技术、政治和预算方面而言,人类应当重返月球。

进入新世纪后重返月球的呼声越来越高。月球丰富的资源以及其独特的地理位置,再次使它成为世人瞩目的焦点。2005年,美国航空航天局正式公布了在2018年前重返月球的"星座计划",这一表态加剧了国际探测月球的热潮。2006年欧洲空间局发射SMART-1,2007年日本的"月亮女神"和中国的"嫦娥一号"月球探测器相继发射,2008年印度发射"月船1号",一时间月球好不热闹。

谁将在21世纪重返月球

根据"星座计划",美国宇航员首次重返月球的时间可能在2020年,最初的几次登月可能均由4名宇航员完成,他们在月球表面停留时间约为7天。随后,美国将逐步建设月球基地,其中包括电力供应系统、月球车装配及宇航员居住区。最终的月球永久基地将保障宇航员在月球上持续居住180天,为载人探索火星做准备。

但这个雄心勃勃的计划在2013年被取消了,资金短缺、进度拖后、设计思想有争议都是原因,美国宇航员再次登月的梦想变得遥遥无期,建立月球基地更属空谈。阿姆斯特朗等人伟大的登月似乎仅是冷战时期炫耀国力的一种需要。然而无论如何，进军月球这个离地球最近的天体已没有了技术障碍，只是经费和政策的问题。在每件事都必须考虑投资回报的时代，单纯登上月球或建立月球基地没有任何意义，必须能够依靠它获得收益，才会有足够的资金投入。

对外行星的探测也始终停留在无人探测器阶段。在这一方面，科幻作家的预测除了载人探测没有实现外，其他不仅实现，而且在技术细节上都与真实非常接近，再次显示了他们良好的科技素养。目前看来，征服火星以及更遥远的木星、土星等，对人类而言还为时过早。科幻小说中为追求艺术效果常设定第一次探测即为载人飞行，也不符合一般规律。由于各国在这方面的投入均是无法收益的净亏损，如果没有强大的推动力，大规模载人探测外行星不可能实现。

美国的月球探测器和火箭上面级在 2009 年成功撞月，试图从撞击碎片中找到月球水存在的迹象

美国为重返月球测试登月设备

月球生活

　　从远古至今，关于月亮的传说与幻想从没有停止。在中国，嫦娥与月宫的传说早已深入人心，直到现在还被人们津津乐道。现代科学对月球的观测与研究打破了所有这些幻想：月亮上没有空气和水，也没有任何生物，更没有神仙与宫殿。不过，"阿波罗11号"登月成功的事实却让我们有了另外一种幻想，即移民月球。这种幻想与古人的相比，想象力或有所不及，但可操作性却完全具备，并能够在未来实现。

　　有关建立月球基地的小说很多，不过科幻作家习惯去看更遥远的未来。既然月球已成为人类的第二家园，接下来就该是进军其他行星了。现在就让我们看看，基于现在科技的发展趋势，我们如何在月球上移民。首先是如何去月球。如果直接从地球上出发，价格无疑会非常昂贵，因此一个可行的办法是在地球上空建设永久太空站，作为中转基地。空间站实际上是建在绕地球轨道上的一座"实验室"。由于里面低重力的环境，科学家们可以在那里做许多在地球上难以进行的实验，包括物理、化学、生物、环境以及医药方面等等。在将来，空间站可以作为一个太空"工厂"，专门利用太空的一些性质来生产地球上很难制造的产品。而对移民月球来说，它则可以作为一个中转站来降低成本。

　　首先，应当有一些近地的空间站，它们主要是作为小型的中转站、储运站使用，用于储存燃料、水、氧气等必备物资。之后则是一些大型的空间站，就像一座城市，有很多人生活在里面，也有非常多的设施。月球周围也应当存在着一些空间站。通过这三层空间站，使用不同种类的宇宙飞船，就可以大幅度降低飞行的成本。除了这样的多层空间站外，阿瑟·克拉克在他的科幻小说《天堂的喷泉》中还设想了一种太空电梯。这种电梯也许会在不远的将来实现。至少在月球上实现要比在地球上容易得多。

为了解决月地之间的定期往返和移居月球的交通工具问题，美国的航天专家建议采用与"电磁轨道炮"相近的工具，即在月球表面使用一种叫作"月球磁力加速器"的运输工具，利用强大的电磁力控制载人的月球车，在月球与地球之间来回穿梭航行。这样，月球就能成为我们走向太空的一个新起点。

设想中的月球基地

到了月球之后我们需要什么？最重要的是空气和水。如果要从地球运送水和空气，成本太过昂贵。月球上没有空气是肯定的，那么月球上有没有水呢？1994年，美国的"克莱门汀号"环月探测器意外发现了在月球南极区有水存在的信息；1998年，美国"月球勘测者"探测器传回的数据显示月球上有大量富含氢的坑，表明在月球两极可能存在水。2009年6月18日，美国月球勘测轨道飞行器LRO和半人马座火箭撞击了月球南极附近的凯布斯坑，撞月后所掀起的尘埃中都存在水的踪迹。如果有水，将大大降低移民月球的成本。

至于氧气，目前还没有很好的方法就地取材。一个可能的方法是通过植物来将二氧化碳转化为氧气。另一个可能的方法是将月球的某种矿物分解来产生氧气，分解水也是一个很好的建议。这里必须提到一点，无论采用哪种方法获取水和空气，它们在月球城的内部必须也必然是循环利用的。有了空气和水，那么很自然，我们就可以通过种植植物和养殖动物获得食物。

一个好消息，低重力条件下动植物都有比地球上长得更大的趋势，这肯定会让月球上的农民非常高兴。要考虑的也许是味道的问题，还不知道人们是否能够吃惯这些月球上生长的食物。不过人类的历史表明人们对食物的习惯很容易被改变，而且对于那些在月球上出生的"月球人"来说，根本就不会存在是否吃得惯的问题。另外一个食物来源可能是通过化学方法生产出蛋白质、淀粉、脂肪等。也许很多人不会接受这种非自然的食物。然而从营养角度来讲，它们与天然食物区别不大。

月球上的能源问题比在地球上还容易解决。月球上没有空气，因此也就没有云层和天气的变化，所以在月球平原（通常它们被称为"海"）上的任何一处地方，都可以在一半的时间里受到比地球上强烈得多的太阳光照射，太阳能非常廉价而且充足。另一个能量的来源是受控核聚变。月球上存在着非常多的氢，这些氢正是受控核聚变的材料。那么这些氢是从哪里来的呢？答案是太阳。我们知道，太阳上无时无刻不在刮着太阳风，这些太阳风的主要成分就是氢和氦。它们从太阳一直刮向宇宙深处。由于亿万年间一直受到太阳风中粒子不断的侵入，月球岩石都富含氢。有人也许会想到氢和氧燃烧也可作为能源，不过月球上的氧气可是宝贝，不能这么使用。

设想中的月球基地能源供给区

好了，现在空气、水、食物以及能源都解决了，我们可以来建造月球城市了。

由于基本的物质必须保证能够最大限度地循环利用，因此整个月球城市的外面应当有一个完全封闭的外壳。科幻小说中，这些外壳通常像半透明的鸡蛋壳，华丽而精致，然而实际中应当并非如此。由于月球的重力只有地球的1/6，圆弧顶的支撑作用并不十分需要，而向高空的易发展性则会让这个外壳更近似于圆柱体或长方体。至于透明，无论从物质上还是心理上考虑，都没有必要，我们只需在外壳上方开些透明窗口就完全可以满足观赏星空的需求了。出于美学的考虑，人们也许会让外壳的外部充斥着图案，而不是单一的颜色。

画家笔下的月球基地，人类从这里出发，前往太阳系的其他星球

和这种封闭式外壳相对应,月球城市内部的建筑很可能会是一种三维的立体交叉网络模式。一些基本的大型建筑拔地而起,旁边附着各种形式的小型建筑,中间由四通八达的交通甬道相连。这些交通甬道将分货运与客运两种,客运甬道大部分安装自动电梯。由于低重力和不受气候变化的影响,月球很可能会成为建筑师的圣地。他们可以按照自己的设想建造出各种奇形怪状的建筑,完全不必像在地球上那样顾虑重重。虽然这些建筑很可能还是会受到一点气候的"骚扰"。在一个很大的月球城内,很难想象空气会一直保持稳定而不产生气流,但这毫无疑问可通过一些简单措施加以防止。

当月球上建立了不止一个月球城之后,相互间的交通就显得非常重要。汽车是一个很自然的考虑。由于月球上的月球灰厚十几米,因此除了早期会直接在月球灰上行驶之外,公路应当以高架桥的形式建造。同样得益于低重力和没有空气,这项工程要比在地球上容易得多。赛车手们因此会非常喜欢月球,因为月球上完全没有风,汽车可以开得非常快,只要你不超过月球的第一宇宙速度。唯一可惜的是月球的低重力无法提供汽车转弯时足够的向心力,这将严重制约汽车速度(记住汽车转弯的向心力由摩擦力提供,而摩擦力正比于重力,并且离心力只与质量而不是重量有关,就容易理解这个问题了)。解决问题的办法可以采用截面是弧形的甬道,这样汽车转弯时可以通过倾斜得到一个向心力。其实,现在的赛车道也几乎都设计成这样。

飞船作为交通工具,并不适合大规模运输,灵活性和舒适性也无法同公路运输相比。当然,早期月球城市间还是要用飞船作为交通工具。大规模的客货运输则可能采用超导磁悬浮列车——它的优点是转弯的向心力由磁束缚提供,因此可以非常快。它的缺点是灵活性不够,但作为大型快速的运输工具应该没有问题。

147

20世纪设计的月球旅馆

其他方面,月球移民区其实和地球居民区非常类似。比如通信,同样可以依靠城际的光纤以及环绕月球的通信卫星来实现。一些生活习惯则会和在地球上的有些小差异。例如行走的方式,看过"阿波罗"登月转播的观众应该熟悉那种跳跃式的前进。这些差异并不会带来很大的生活阻碍,可以通过在墙壁上架设横杆、在鞋底和地面增加适当黏度等办法来部分解决行走问题,至少在月球上行走碰到的问题要比在太空中少得多。

有一点必须注意,至少对第一代移民月球的人来说,如何克服对地球环境的思念是很重要的一个心理问题,而对以后土生土长的"月球人",问题则变为如何面对地球人与地球文化。这两个问题可能是月球医院心理科的治疗重点。

最后,让我们来回答一个问题:我们为什么要移民月球?与通常的殖民例如白种人对美洲的殖民不同,很难想象人类向月球的移民会是因为生活的压力。能够移民月球绝对是一种国家才能承受得起的行为。对上层精英而言,无论社会如何发展,他们并不会感受到生活的压力。而受到生活压力的普通人民却不可能有那个财力和技术去月球移民。真正移民月球的原因也许是"迫不得已"。

首先是一些科研上的需求,如在月球背面建立太空监测站(这将避开地球上嘈杂的电磁背景)。然后是太空工业的需求,虽然空间站会给我们带来非常多的利益,但是这些太空工厂的原料如果全部从地球运输,成本太高。月球以低重力和不怕被污染的优势,很自然地成为原料的首选供应地。很多原料需要粗加工或者直接加工成产品,这将导致大量月球工厂的建立。当月球工厂有了一定规模后,到月球旅游可能会成为新的经济增长点。随着越来越多的人前往月球,会有人在月球长期居住,甚至生儿育女,等到在月球上出生的人占有一定比例时,月球城的建立就成为一种必然了。月球的低重力让"月球人"很难回到地球上生活。至此,月球才算真正地被移民了。

人类移民月球成功以后,下一步当然是太阳系的其他星球,再下一步,就该是恒星际旅行了。火星将是月球之后的下一个人类移民目标。但是要前往以百万千米来计算距离的火星,怎样克服封闭旅行中的种种心理压力,是首先必须克服的问题。

资料:太空电梯

有一个国际组织叫作国际太空电梯联盟(ISEC),只研究一个问题:怎样建造一座太空电梯。这座电梯将是地球上最宏伟的建筑物,其目的地是3.6万千米高度的太空站。电梯建成之后,人和货物就可以很方便地运送到太空站上。虽然电梯的速度没有火箭快,但使用和维护费用要低廉很多,还能多次重复使用。乘客也无需进行任何训练。火箭发射或航天飞机运送每千克有效载荷约需2万美元,而太空天梯运送每千克物品仅需200美元,这将能够极大推动创业者在近地轨道开办工厂的热情。空间技术因而可以得到跨越式发展。

太空电梯的设想由来已久。1970年,齐奥尔科夫斯基提议在地球静止轨道上建一个太空站,用一根缆绳将太空站和地面连接起来,成为太空运输线。2005年,美国宇航局正式宣布太空天梯为世纪挑战的首选项目,很认真地要推动太空电梯的发展。日本则投入了73亿美元发展自己的太空电梯技术,希望能在这个领域取得领先地位。

2015年,加拿大透特科技公司另辟思路,提出新的太空电梯方案。在这个方案中,电梯只需建到20千米高平流层即可。宇航员和运载火箭先搭乘太空电梯进入位于平流层的电梯顶端发射平台,然后再点火起飞进入太空。火箭不再需要携带大量的燃料从地面起飞,只需要一级就可从电梯顶部进入轨道,而且还可以返回发射平台加油,再重新起飞。

不管哪种方案,公众关心的是太空电梯何时才能建造成功?目前已知材料中,只有碳纳米管的强度可以充当太空电梯的缆索,但是现有的碳纳米管还只是毫米级制品,距实用差距甚远,如何将其在不降低强度的情况下制成长达数万千米的缆索,并发射到太空,对科技界将是一个巨大的挑战。还有，当太阳风向太空电梯施加压力时，来自月球和太阳的重力作用将使绳索变得摇摆不定。这将有可能使太空电梯摇摆造成太空交通障碍，太空电梯也可能会碰撞上人造卫星或者太空垃圾残骸，这样的碰撞将导致绳索断裂或太空电梯失事。为此，太空电梯必须在内部建造推进器，以稳定太空电梯致命的摇摆振动，但这又将增加电梯建造的难度和建造维护成本。

太空电梯这种世纪工程，建造的任务还是得中国人来完成。中国人的基建水平，打造出一个又一个建筑史上的奇迹，太空电梯当然也没问题！

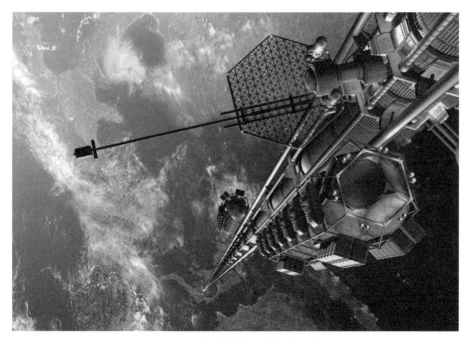

Google设计的太空电梯

对于星际航行，冬眠确是一种可能的方案。和一直保持清醒的宇宙航行相比，冬眠虽然减少了领略太空奇景的机会，但它或许可以避免一直醒着的一些问题，其中首要的当然是人对氧气、食品等的需求。

除了节约在太空中每一克都价值不菲的物资，睡觉也可以避免一些心理方面的问题。以火星探测为例,尽管科技的日新月异让人类越来越无所不能,让遥远而传奇般的火星看似近在咫尺,但撇开载人火星之旅的技术问题不谈,最使人担忧的,便是在漫长旅途中宇航员所必须面对的难以想象的心理问题。

闭上眼睛旅行

深远太空中的心理问题逐渐得到了宇航学家们的重视。一位俄罗斯宇航员曾经说过:"如果把两个人关在同一舱内两个月,那么所有谋杀的必要条件就都满足了。"两个月尚且如此,往返途中各9个月,在火星表面停留一年半,总计3年的火星之旅必然更加令人难以忍受。除了时间长,宇航员要承受的心理压力也比太空站等短期太空旅行大得多。因此,造出能够载人飞往火星的复杂飞行器恐怕只是千里之行的第一步。人们面临的最大挑战将是发明一种能够治疗或缓解宇航员心理问题和压力的微型电脑,以免他们发疯。

火星之旅可能由7位40～50岁的科学家和飞船驾驶员组成。飞船的大部分舱位将用来装载燃料和补给品。宇航员经过9个月的长途旅行,飞越3.98亿千米,直到登陆火星后才能活动一下腿脚。不过,火星那里没有美味佳肴,也没有新鲜空气,且任何宇航员都不得单独行动。对于火星之旅的成员来说,他们没有在空间站上可以享受到的福利——观赏变化无穷的美丽地球。太空在他们眼中是漆黑一片,地球只不过远方的一个小小斑点。此外,他们还必须忍受与地球通信长达10分钟的时间延迟。在星际互联网建立之前,他们无法跟地球上的任何人通电话,只能通过电子邮件和声音邮件与家人联系。更糟糕的是,他们的思乡情绪可能演变为另一种对其不能排解的恐惧,因为太空站上的宇航员几个小时就可以回一趟家,而他们却连想都不敢想。

科幻电影中，一位旅客在太空飞船中寻找他的休眠舱。飞船内整齐排列着无数个休眠舱。旅客必须平躺进去，在睡梦中进行太空旅行

　　火星之旅的另一大心理压力是对死亡的恐惧。当你想到你和真空的外界仅一层薄壁之隔，当你担心陨石撞穿飞船、氧气罐爆炸、太阳能板突然失灵、一位做太空行走的宇航员需要营救，还有突发性心脏病等等，你无法不产生可怕的恐惧心理。要解决宇航员的心理问题，请一位随行医师恐怕无济于事，因为这位医师也将面临同样可怕的一切。也许，完成一次"心理健康"的火星之旅的最终解决办法，得依靠被称为"硅片心理医生"的一项新发明。美国国家航空航天局正在设计一种将来能监测宇航员心理健康程度、提出治疗建议并进行治疗的计算机。这种计算机必须能做出灵敏反应，因为在太空中，哪怕是很小的心理问题都有可能造成灾难性的后果。如果火星飞船着陆时队长情绪低落，9个月的艰苦旅行就可能会前功尽弃，甚至船毁人亡。

　　作为火星之旅重要角色的这位"硅片心理医生"，必须能够反映心理状况的细微变化。该项研究正在加紧进行中。目前计算机已经能够监测诸如血压、心率、呼吸和汗腺活动等的瞬间变化。研究人员正努力让电脑通过人的表情、体内激素、甚至蛋白质的细微变化监测人的喜怒哀乐。美国国家航空航天局的精神病学家弗莱因增加了一项电脑监测的指标，即宇航员的表现。他开发出了一种由一系列智力题组成的电脑软件，用来测试国际空间站上的宇航员是否在正常工作。如果发现被测试者反应不够快，电脑就会

153

发出警告,建议他去休息一下。弗莱因相信,"硅片心理医生"将来能监测宇航员每天的工作情况,探测出哪怕是很微弱的反应迟钝。他对"硅片心理医生"协助开出不同心理疗法的能力持乐观态度。

那么我们是不是可以干脆选择在梦中进行漫长的星际旅行?

科幻电影中,宇航员进入冬眠状态

很多人都这样想,既然醒着有那么多问题,干脆把漫长的星际旅行改为在睡梦中进行好了。冷冻技术,这的确是人类进行长途宇宙航行的最佳选择之一,尽管它现在还很不成熟。

把一个人冷冻并不难,难的是被冷冻后的人能否复活。这其中一个关键的因素是如何速冻大脑。如果大脑的温度迅速降下来,那么它就会在心脏还跳动的时候停止运转,不会因寒冷而受到损伤。在这种情况下,只要体温回升,大脑就有复苏的可能。但即使两个人冷冻的情况完全一样,也不一定都能复活。科学家们一直没有搞清楚,为什么同样的情况,有些人极易去见上帝,有些人则迟迟不肯离开人间。

目前,科学家正在研究那些容易从"冷冻"状态复活过来的人,看这些人是不是拥有特殊基因。如果这种猜测被证实,那么它在星际旅行中将大有用途。事实上,人体细胞冷冻技术早已广泛应用于临床。在治疗不育症时使用的精子、卵子和胚胎冷冻技术都很成功。科学家预测人体冷冻技术的应用前景将十分广阔。目前也已有一些身患绝症的志愿者选择了冷藏自身，以等待医学发展后解冻求生。

虽然太空漫游更需要人体冷冻，然而大部分科学家对现在的人体冷冻技术持怀疑态度。因为迄今，还没有人能够做到使人的大脑解冻而脑组织不遭到破坏。当然，一旦这个难关被攻克，人类将大受其益，尤其是深空探索计划。宇航员依靠冷冻暂停身体老化过程，以便在航行数光年抵达某个星系之后，其身体状况仍然与离开地球时一样，没有任何衰老。这样不仅解决了星际旅行中的心理问题，也解决了以在人类有限生命中超越数光年距离的问题。但是除了冷冻和解冻技术尚未解决，代替人类驾驶飞船的高度可靠的计算机系统目前也还没有发明出来。

目前，人类还只能在近地轨道上生活，需要的也还是常规睡觉方式

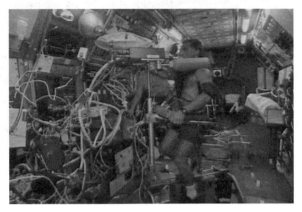

现实中，宇航员在空间站中进行体育锻炼

9. 火星：我的第二家园

我终于看清楚了，那是一道绵延数十千米的巨大峡谷。数不清的灯光闪闪烁烁，各种建筑物被灯光勾勒出神秘的富于变化的轮廓。所有的光芒汇聚成一条浩瀚的光之河。光芒流溢出来，照亮了周围的一小块平原，平原上红色的砾石、沙土地也折射起微弱的红光。密封的穹顶彩虹般飞架于峡谷上空，保护着这条文明之河。

这就是火星城。荒凉的火星世界里骤然出现如此雄伟的人类建筑，我的心刹那间被这壮丽所吸引。

苏学军《火星三日》

"奥德塞号"火星探测器

火星，多么引人入胜的名字！吸引着古往今来多少人的目光和遐想！

长途旅行已经没有问题了，让我们出发去火星。当然，在进入火星的引力范围之前,我们已经慎重地派出了侦探部队:自1960年以来,人类已向火星发射了多艘无人飞船,对火星进行了详细的研究。虽然发射总成功率仅仅只有40%,但我们已经了解到所谓火星人只是一种美好的猜测。和月球一样,火星上没有任何生命迹象。改造火星,使它成为第二个地球,越来越成为一种可能。自1877年发现火星表面的"运河"(事实上这是发现者与他的出版者之间的误会)以来,光怪陆离的火星人已经在地球人的想象中无数次占据了地球。

尽管天文学家对火星的深入研究并没有令他们发现火星上存在生命的明显迹象,但关于火星的小说还是层出不穷。几乎每个有名的科幻作家都写过有关火星的小说。布雷德伯里的《火星纪事》描写了从1999年到2026年间地球和火星之间发生的事情。波尔的《人变火星人》中,主人公为适应火星的恶劣环境而用机械手段改造自身。杰克·威廉森的《登陆火星》描写了人类登陆火星的梦想和克服的种种困难。其中描写得最真实的可能是斯坦利·罗宾逊的《红火星》《绿火星》和《蓝火星》三部曲,这三部小说尽管情节性不是很强,但均以史诗般的气势和对技术细节的精确描写赢得了读者的喜爱,小说详尽地描绘了人类在改造火星过程中所经历的酸甜苦辣。

一颗人类的探测器将要靠近火星

157

火星探测器模型

公众对于火星的兴趣已经延续了很久,而且还将延续下去。也许30年后我们能够在报纸上读到这样的售房广告:"最佳观景别墅!俯瞰6千米之深的水手谷,感受红色大地的黎明。双月亮的夜晚,带给你更多怀古幽情!每月两个航班往返于火星和地球之间。交通方便,配套生活设施完备,欲购从速。联络方式为house@mars.com。"广告还会附赠火星风光片一部。这并非天方夜谭。实际上,在科学家们为我们征服火星而开列的时间表中,2042年地球人将向火星移民,正式在太阳系中开疆辟土。不用太多顾虑火星上的生活情况,比如能不能看到NBA比赛实况转播,地球航班是否按时运送饮用水等等,因为我们有完美的火星居住和改造计划。

资料:火星改造计划

这个计划需要上百年的时间,全地球科学家和技术人员的协作,需要各界尤其是金融界的支持。花费上万亿资金和巨大人力、物力所得到的,是留给我们子孙后代最好的礼物,一个新的像地球一样适宜居住的星球,我们太阳系中的第二个家。计划的关键是提升火星的温度。地球的温室效应给了科学家们以很大启发。他们设计了许多可以产生温室效应的升温方案。包括向死火山投放核炸弹,触发火山爆发,释放二氧化碳和水蒸气;

给极地冰冠上喷洒深色吸热物质,使极地干冰融化;在火星上悬置反光镜,将太阳光聚集到极地,融化那里的冻土层等等。不管哪种方案,其结果都必须使火星上的大气层增厚,这样,火星的温度会升高,气压也会渐渐与地球表面相似。这时,植物学家们就可以动手在火星上种树植草,使能够产生氧气的绿色植物迅速铺满整个星球。不过,由于火星引力较小,大气逃逸的速度会很快,加之远离太阳缺乏阳光等等原因,火星改造完成以后,其环境还必须长久地维护。也就是说,"火星环境改造委员会"可以直接升级为"火星环境维护委员会",在委员会中工作的人不用再担心失业了。

荒凉的火星表面将建设繁荣的人类城市

原始火星居住指南

　　火星是一颗和地球类似的星球,离太阳的距离比地球稍微远一点,个头却只有地球的15%,因此这颗星球上的重力只有地球上的38%。想象一下,在这颗星球上生物因为没有重力的过多束缚会长得很高大。但遗憾的是,至今我们也没有得到任何火星生物的消息,哪怕仅仅是它们存在的证据。火星土壤中富含铁的氧化物,这使火星从外表看像个红色的似乎喝醉了酒的家伙。比较太阳系中的其他行星,火星比较适合人类移民,空旷的大地可以容纳许多许多的人居住,还有他们的梦想。证据如下文所列。

　　水:虽然水在火星大气中的相对密度只有0.03%,但对火星深入考察后,科学家们发现干燥的判断对火星来说还是不确切的。新的勘探表明,火星地表下1米处就有冰层存在的可能。火星地下含冰层的深度随纬度不同而有所差异。在火星南纬60度地区、地表下60厘米处就是含冰层。在南纬75度地区,含冰层相对要浅,距火星表面仅30厘米。火星北半球也有类似的地下含冰层。另据分析,以质量测算,火星含水层中冰冻水比例可能占20%~35%。水是地球人最不能缺少的物资。只要有水,就可以将谁分解为氢气和氧气,解决燃料和呼吸气体的问题。这样,从地球上带饮用水这样昂贵的计划就可以取消了,从而可以让运输飞船装载更多物资。

　　空气:火星的大气非常稀薄,大气压相当于地球海拔32千米处的气压。人体在这个气压值下会耳膜破裂、血液汽化沸腾。而且火星大气主要是二氧化碳(占95%)、氮(占2.7%)和氩(占1.6%),全部都是不能呼吸令人窒息的气体。但我们总是在最后才考虑空气和气压问题。因为我们已经能够用宇航服来解决适合身体的压力和呼吸空气的问题。

　　气候:有687个地球日的火星年十分漫长。它有与地球上相似的季节之分,还存在热带、南北温带和南北寒带。火星平均温度赤道地区在

20～80℃，极地则在 -70～ -140℃。比起其他星球来，火星上真是气候宜人。火星大气循环的规模虽然比地球上大，但气候变化要比地球上简单得多。当然，火星沙尘暴是件令人头痛的事情，但与地球上的暴雨和台风相比起来，就不那么惹人嫌了。

安全系数：早先令人担心的火星人一直没有出现，因而使在这颗星球上生活的安全系数大大提高。虽然想到不在地球上会稍稍让人不舒服，但人是适应性最强的生物，很快就会习惯并且喜欢火星的日出。只是美国航空航天局的科学家警告说，火星上的辐射非常严重，登陆进行任何活动都将是危险的。

一艘要去火星的运输飞船

资料：**21 世纪火星大事记**

在本世纪里，火星将发生哪些大事？看看根据各国火星探索计划列出的时间表：

2001 年"奥德赛"升空（已完成）

2001 年 4 月 7 日，美国国家航空航天局名为"奥德赛"的火星探测器发射升空。"奥德赛"火星探测器在飞行 4.6 亿千米后，于当年 10 月进入火星轨道。它的任务与它的几个前任一样，是在火星上寻找水，以确定在这颗红色行星上是否存在生命。

2003 年火星探测器升空（已完成）

欧洲空间局在 6 月发射"火星快车"无人探测器，携带"贝格尔 2 号"探测器飞往火星。"贝格尔 2 号"的任务是绘制火星表面图，但它运气不好，降落火星后便失联了。

2004 年火星探测器着陆（已完成）

年初，美国的"勇气号"和"机遇号"火星探测器相继成功登陆火星表面，分别在火星的两面同时对这颗红色星球进行探测。"机遇号"着陆的火星平原含有丰富赤铁矿，而"勇气号"则着陆于巨大的古谢夫陨坑。两台探测器预计的探测时间为 90 天。

2005 年设计火星空间站

一艘有多国参与开发的太空飞船将被发射。它将在火星轨道被用来接收已取得的火星样品，并释放一辆探测车着陆继续取样。2011 年，用这种传递方式收集到的火星样品计划返回地球。

2005 年火星勘测轨道飞行器（MRO）升空（已完成）

"火星勘测轨道飞行器"以极高的分辨率对火星这颗红色行星进行详细考察，这些高清信息可以让着陆器和火星车得以避开危险地带，如岩石和陡坡，而大气监测设备获得的数据则可以用来评估未来火星表面开展的各项科研活动所面临的环境因素。

2008 年 美国"凤凰号"探测器登陆火星（已完成）

登陆点在尚未探测过的火星北极。"凤凰号"装备有一条用于挖掘的机械臂以及一系列科学考察仪器，用以对火星的北极地区展开勘测。探测器将研究冰是否融化过，寻找北极永冻土中有机化合物的踪迹。探测器在火星上加热土壤样本时鉴别出有水蒸气产生，从而确认火星上有水存在。

2011年"萤火一号"发射（已完成）

"萤火一号"是中国火星探测计划中的第一颗火星探测器。2011年11月8日，"萤火一号"搭乘在俄罗斯的福布斯号采样返回探测器一起发射升空，开始对火星的探测研究。"萤火一号"主要科学探测目标是对火星的空间磁场、电离层和粒子分布变化规律以及火星大气离子逃逸率进行探测。此外，还将探测火星地形地貌、沙尘暴以及火星赤道附近的重力场。由于福布斯—土壤号火星探测器变轨失败。萤火一号的探测任务宣告失败。

2012年"好奇号"登陆火星（已完成）

"好奇号"是美国宇航局首辆核动力火星车。其使命是探寻火星上的生命元素。"好奇号"用机械臂末端的钻头钻取了火星表面一块基岩的样品，这是首次通过钻探获取火星岩石样本，这一过程对人类探测火星具有里程碑意义。

2015年建造火星空间站

俄罗斯专家已设计出了火星空间站，并与各国一起联合建造。投资预计100亿美元。

2018年火星卫星上天

届时各国已有数颗卫星绕火星轨道运行。地球与火星的通信网络已连成一体。人类实现跨星球通信。

2020年建造火星种植园

2020年，俄罗斯运载火箭将把庞大的轨道飞船的各构件分别送入地球轨道，待飞船组装完毕后，宇航员将驾驶它进入距火星约1万千米的轨道，释放探测机器人在火星上着陆。该轨道飞船系统为每名宇航员保留了30平方米的"种植园"，园内植物既可供人食用，又能使飞船内的空气和水得以循环使用。

2025年火星国际空间站投入使用

这座空间站重约400吨，由多个舱体对接而成，可以容纳10名宇航员长期工作。

2030年3天去火星

2030年，人类终于发明可使火箭每秒飞行480千米的离子发动机和安全的核反应发动机，使原来要用半年时间的地球火星之旅缩短到只用2～3天的时间。

2041年人类登陆火星

2041年，经过对空间站、轨道飞船以及多个探测器数据的研究，人类发现并确认火星上存在隐藏很深的水资源。

2042年火星移民

至此，火星将渐渐成为我们新的家园。

火星卫星勘探模拟图

"猎兔犬二号"火星探测器,其中的岩芯磨蚀取样器由中国牙科医生伍士铨设计

火星之路始于今朝

眼看2020年快要到了,火星空间站,火星卫星都还没有踪影。只有《火星救援》这部电影,帮梦想火星的人过了把瘾。

苏联在1960年10月10日向火星发射了世界上第一艘无人飞船,但该飞船未到火星便失踪了。到1988年,苏联共发射了15艘飞船,失败了11次,只有4艘飞船成功到达火星并取得了一些数据。而俄罗斯只在1996年发射了一艘"火星96"飞船,飞船刚发射即告坠毁。

美国自1964年11月以来共发射了17艘无人飞船,其中5艘在到达火星后或在途中出了问题,其他8艘均成功抵达火星,并传送回了大量数据资料。"海盗1号"和"海盗2号"以及"火星寻路者"则成功地在火星表面登陆。

日本在1998年7月4日发射过一艘火星探测飞船,由于推进器问题推迟了到达火星的时间,随后便围绕太阳运转,成为一颗在太空中漂泊的小行星。

　　尽管我们已经有了成千上万的火星图片，但火星面貌仍然扑朔迷离。火星探测飞船送回的资料表明，火星上有火山活动的迹象，有古代湖泊、河床及海岸线的踪迹，这暗示着火星曾经是温暖潮湿的星球。于是出现了两个火星演变理论：一个推测火星曾经温暖而潮湿，有浓密的大气层，后来这些大气流失到太空中去了；另一个推测火星一直处于冻结状态，水深藏于地下，当温度周期性升高时，才会在表面出现。科学家根据火星全球测量飞船送回的照片分析，认为火星上有沟渠。美国1996年11月发射的火星全球测量卫星至今仍绕火星运行，差不多每六个月就会传送给我们一个"新"火星。火星的地貌远不同于前几年得到的情况，这表明需要重新审视有关火星的过去和现在的理论，研究如何开发火星表面和发射未来的载人火星飞船。

　　探索的道路总是曲折而漫长的，美国国家航空航天局两艘火星飞船的失败就狠狠打击了所有对火星探索充满热情的人们。1999年9月，美国国家航空航天局的专家们正紧张地凝视着荧屏。价值1.25亿美元的"气候观察者"已经进入了火星的大气层，慢慢地靠近那颗火红的星球：一切顺利。荧屏上显示的火星大气温度正常，"气候观察者"周围没有任何障碍物，探测器的行进速度和方向丝毫不差。突然，"气候观察者"变成了一团大火球，转眼之间烧得一干二净。科学家们面面相觑。"气候观察者"的失败报告出来后，美国航空航天局更是尴尬异常。原来，工作人员给"气候观察者"输入数据时所用的单位不一致，导致"气候观察者"测量距离时"厘米"和"英寸"混淆，就此灰飞烟灭。

　　1999年12月，离"气候观察者"焚毁还不到10个星期，美国国家航空航天局的另一个探测器"火星极地登陆者"又进入了火星的大气层。按照程序设计，"火星极地登陆者"的电脑系统"以为"探测器已经登上火星表面，于是，减速器自动关闭，"登陆者"以80千米／小时的速度直冲向火星的大地，撞得粉身碎骨。

　　2003年8月27日，火星与地球的距离最近达到约为5576万千米，这两颗星球每15或17年才能那么近地打一次招呼。此时,发射探测器可以节省昂贵的航天燃料,缩短探测器进行星际旅行的时间。以目前地球探测器的速度,只需6个月就可以到达火星。因此,科学家们很珍惜这次机会。于是,在2003年6月及7月初,三个火星探测器被送上天空。它们在2003年年底和2004年年初陆续抵达火星,给这颗红色星球送去地球的新年祝福。这三个探测器分别是欧洲航空局的"火星快车"空间探测器以及美国国家航空航天局的火星漫步者"勇气号"和"机遇号"。"火星快车"还携带了一个小型着陆探测器"猎兔犬2号"。加上仍在工作的"环球勘察者"和"奥德赛"探测器,有多个地球探测器在火星的外层空间和地面上活动。这可够热闹的。如果真有火星人存在,他们会怎样称呼这些探测器呢,把它们叫作UFO(Unidentified Flying Objects,UFO,不明飞行物)吗?

"机遇号"火星车

2008年5月26日，美国的又一颗火星探测器"凤凰号"在火星北极成功着陆，主要任务就是找水。4年后，新的核动力火星探测器"好奇号"来到火星，担负起查明火星过去或现在是否有生命存在的重任。不过，一直到2016年年底，"好奇号"都还没有和火星人相遇。

在车间中组装"好奇号"

"好奇号"在火星工作模拟图

在众多火星探测器中,还没有中国制造的身影。其实,中国也有自己的火星探测计划,中国打算在2020年左右发射火星探测器,一次性完成"绕、采,回"的三个任务,以高效经济的方法实现火星探测。

10.飞向群星:播种地球文明

人类的探测器向太阳系外奔去

　　0523GCS文明之所以被称为标准文明Ⅰ,因为它是由第一个发回信号的"种子太空舱"发展出来的。其实,后来这个星系并没有发展出独立的可以称之为文明的社会结构,原因是它离中心文明太近,这是一个致命的弱点。

　　……到了标准文明Ⅲ以后,1000光年的距离使得中央文明无法在收到信号后就派出飞船,因而给了这个文明充足的发展时间,使它成为一个地跨100光年的大的文明政权实体。随着时间的推移,5000光年外的游离文明、10000光年外的游离文明将会有更多的发展机会。

……地球人类文明在几百万年的时间中就这样不断扩展,不断融合,将自己丰富多彩的文明像雨林植物一样延伸到了银河以及周围星系之中。这几百万年时间对于宇宙120亿年的历史来讲是短短一瞬,这几百万光年空间也仅仅是茫茫大海中的一粒细沙,但对于更为渺小的人类,这却是一项无比恢宏的浩荡工程。

冯志刚《种植文明》

小时候喜欢听故事,总爱问"后来呢?"或许这里饱含人类对未来的期望和恐惧吧。从另一方面看,如能预见未来甚或其一部分,将大大增加人类种族生存的概率。

科幻小说的诞生或许也带有这方面的原因。从总体上来说,科幻小说是描绘未来的小说,因此在小说中,总是不乏这样的思考:如果这种情况持续下去,如果出现这样的发明、发生这样的事,我们人类的未来将是什么样子的呢?

这也是一种文明交往吗

当人类能够在太阳系中来去随意了,当太空城市与空间站蜂窝样出现在苍穹之中,当火星人与土星人将以返回地球作为度假,当这一切发生的时候,就是地球文明开始在宇宙中传播的开始。文明将以几何级数扩展,因此,我们与梦寐以求的"非人"文明遭遇的可能性也成倍增加。可是,当"非人"高智慧生物终于降临太阳系的文明发源地和中心地球时,人类可能面临着他们做梦都想不到的尴尬:这些高智慧生物对热情伸出双手的人类视而不见,却去和蚂蚁拥抱交谈。这就产生出了一个我们以前从未认真考虑过的问题:谁是地球的户主?

如果你想当然地认为是人类,最后会发现自己很可笑:我们从树上下来不过百余万年,真正能被我们称为"我们的文明史",不过区区5000余年。而在上亿年前地球的各个古陆上,蚂蚁已建立起它们宏伟的帝国了。相比之下,我们不过是刚刚走进地球这个大房间里讨碗水喝的流浪儿,离户主的级别还差得远呢。

你当然会争辩说:要向前看嘛!我们有文明,是人类文明提高了地球在宇宙中的地位。但至少月前,没有证据能证明这一点。在我们的心目中,彗星撞击地球使包括恐龙在内的生物大量灭绝的白垩纪晚期,是这个星球生命史上最恐怖的时代。但你可能不知道,就在我们现在这个文明时代,地球物种灭绝的速度远高于白垩纪晚期,地球生命史最恐怖的时代就是现在!文明,也许是一条使地球生命万代延续的光明大道,也许是使包括人类在内的地球生命走向灭绝的陷阱。

微观城市

现代技术文明的特点是其扩张性,文明就是不断地开拓,把自己的尺度像吹气球般不断吹大,并不在乎它何时爆裂。在历史上,想想那充满欲望和激情的大航海时代,在很短的时间内,被文艺复兴唤醒的欧洲文明像蝗虫般覆盖了地球的每一个角落。至于未来,如果文明真能延续下去,它必然无限制地扩大自己的尺度,成为巨大的宏观文明。科幻作家们对这样超级尺度的文明进行了许多生动的描述。如尼文的《环形世界》,描写了一个文明所建造的环绕恒星的巨大结构;在阿西莫夫的《基地》系列中,人类遍布了整个银河系;克拉克《2001:太空漫游》中的超级文明,更是用一种人类永远无法理解的超时空结构使整个宇宙成为他们的庭院。

但这里,我们不是在写科幻小说,而是要对文明的未来进行稍稍严肃些的超远期预测。这种预测必须在数学和物理规律限定的范围内进行,否则就不是预测而是神话了。文明向宇宙中扩张的第一步当然是它所在的行星系,对人类来说就是太阳系。你可能知道,生物群落以几何级数扩充是一件很恐怖的事情:假想地球是一个培养基,表面覆盖着一层营养胶体,你把一粒肉眼都看不见的菌种放到它表面的某一点,可能半个暑假还没过完,这种细菌已布满了整个"地球"表面。如果我们人类获得了充足的技术能力,向太阳系中的扩张也将是这个样子,冷酷的经济规律会使我们像狂风般横扫整个太阳系。这时,你就会发现我们庞大的行星系其实只是一个很小的地方,水星和小行星带的金属、金星和火星上的土地、木星上的液态和固态氢、木卫二上的和土星、天王星光环中的水,直到冥王星上的甲烷,都将远远不够我们消耗!像在地球上一样,人类文明在太阳系中也很快会面临生态与生存危机。文明的下一步只能是继续向外太空扩张,这时,它将遇到光速这堵不可逾越的墙。

没有任何理论和观测证据证明时空虫洞(宇宙中可能存在的连接两个不同时空的狭窄隧道)的存在,空间折叠更是痴人说梦。以目前的理论基础,光速是不可超越的。前面说过,为了不使我们的预测变为神话,我们必须接受这个限制。事实上,以目前可以看到的宇航动力,如核聚变、光压驱动等,使一艘大型星际飞船达到光速的1/10已是极其艰难了。这样,要到达最近恒星并返回,就需近1个世纪;而要到达真正有可用资源的恒星并返回,可能需上千年甚至更长。这样的周期是一个经济高速发展的技术文明社会绝对无法忍受的。所以,未来地球文明在恒星际的扩张,其结果将很像蒲公英在风中放出种子,最后长出的一束束相距遥远的新蒲公英之间无法建立联系,永远成不了一个整体。如果真的存在阿西莫夫描写的银河帝国,那它将是这样一个庞大的瘫痪病人。它的大脑想动一下手指,那根手指要到十万年后才能收到指令,再过十万年,大脑才能知道手指是否真的动过。

我们由此可以推断,宇宙间不可能存在尺度跨越恒星系的宏观文明,换句话说,用无限扩张空间尺度的方式发展文明是行不通的。

我们现在换一个思考方式,把目光投向相反的方向。这里再回到开始时蚂蚁的话题上:为什么蚂蚁没有像恐龙那样毁灭而生存到今天? 其中一个很重要的原因是它们的个体很小。一个由小个体组成的生物群落所需生存空间和资源很少,因而生存能力更强。同样的空间,可能只够一头恐龙躺下睡觉,对一个蚂蚁的城邦来说却是一片广阔疆土;只够一只霸王龙吃半口的一块肉,却能成为一座蚂蚁城市全体居民一年的口粮。所以,在大自然中,小个体群落的生存优势是不言而喻的。大自然也许已意识到了这一点,从自然选择的趋势来看,生物有向小个体进化的趋势。

减小自身尺度就等于扩张了生存空间,我们把这称为文明的"反向扩张"。

从长远来看,反向扩张可能是人类文明的必由之路。它在技术上要比打破光速壁垒更现实一些。这需要人类用技术干预自身的进化,不断缩小自己的个体尺度。目前可以想象得到的技术是基因工程。按照目前这项技术的发展延伸开去,不难想象,人类有一天可以像编制计算机程序那样操纵基因,那时的生物学将创造出我们难以想象的奇迹。看看现在的地球上,体积最小的、与人类较为相似的哺乳动物是鼠类。借助于基因工程,人类最终有可能把自己的个体缩减为白鼠大小。如果人类的个体达到这个尺度,世界在我们眼中将发生根本的变化。想想现在我们的一套普通的两室一厅住

173

房,在那时人们的眼中将是一座多么宏伟的宫殿啊!地球对于人类,已是一个现在无法想象的广阔世界。也许你觉得这想法有些滑稽,但当所有人都是那么大时,女孩儿们就不会在身高上取笑你了。

当人变得比松鼠还小

这种程度的体积缩小只是反向扩张的第一步,还不是真正的微观文明。考虑到文明的终极发展,这样的尺度缩小是远远不够的。为了给未来的超级文明创造一个充分广阔的空间,人类可能要把自己的个体缩减到细菌尺度!这个想法听起来疯狂,实现它仅靠基因工程是远远不够的,还需要更为复杂的技术,诸如纳米机械和其他许多我们现在还无法想象的技术。但与超越光速和空间折叠相比,这些技术至少没有违反已知的物理学基本定律。从原子级别考虑,细菌大小的物质所拥有的原子数量和每个原子拥有的量子状态,足以存储和处理目前人的大脑中存储和处理的全部信息。如果你还不相信,可以做个类比:假如回到100多年前,把现在的一块奔腾Ⅳ芯片给人看,并告诉它这小玩艺儿的功能,你会被关进疯人院的;但这就是现在的科学技术所能达到的现实。科幻作家刘慈欣在他的小说《微纪元》中这样描写微观尺度上的世界：一个由细菌尺度的个体构成的文明是什么样子？世界在他们的眼中又是什么样子？你可以自由地想象，很快就会发现这种想象是最让人心旷神怡的事。……他想象着当微人们第一次看到那棵顶天立地的绿色小草时的狂喜。那么一小片草地呢？一小片草地对微人意味着什么？一个草原！一个草原又意味着什么？那是微人的一个绿色的宇宙了！草原中的小溪呢？当微人们站在草根下看着清澈的小溪时，那在他们眼中是何等壮丽的奇观啊！地球领袖说过会下雨，会下雨就会有草原，就会有小溪的！还一定会有树。天啊，树！先行者想象一支微人探险队，从一棵树根部出发开始他们漫长而奇妙的旅程，每一片树叶，对他们来说都是一个一望无际的绿色平原……还会有蝴蝶，它的双翅是微人眼中横贯天空的彩云；还会有鸟，每一声啼鸣在微人耳中都是一声来自宇宙的洪钟……

科学家们总倾向于从宏观文明的角度推测可能存在的外星文明的行为和迹象，如一个著名的假设：星际文明发展到了一定的程度必然会最大限度地利用所在恒星的能量，其结果是，它们的世界可能是围绕着恒星的环带状，甚至把恒星整个包裹起来！通过寻找显现这类迹象的恒星，我们就可能发现外星文明。现在，让我们从微观文明的角度思考一下外星文明的存在：如果文明发展到了一定程度，它们必然会使自己微观化。这无助于我们对外星文明的寻找，却能说明我们为什么至今没有见到它们。一个微观文明向外界的能量发散，不管是有意的还是无意的，都必然很小，这增加了我们探测它们的困难。想想一个由细菌大小个体组成的外星种族，就是聚集在你眼皮底下开奥运会，你也不可能觉察到它们的存在。

但微观化并非文明发展的终极，超级文明最终有可能如科幻小说《2001：太空漫游》中描述的那样："把自己的存在凝固于光的点阵中。"这样的文明已彻底摆脱了宏观和微观的概念，如果愿意，他们可缩为一个原子那样小，或扩展为一个星系那么大。对文明的这种终极推测越来越多地出现于科幻小说中，获得过科幻小说星云奖的美国科幻小说《引力深井》就是描写遥远未来的一个呈力场和辐射状态的人类文明；甚至这种推测也出现在科学家严肃的思考中，保尔·戴维斯的科普著作《宇宙最后三分钟》就是这方面的杰作。但对我们来说，这样的文明已经更多地具有哲学的甚至玄学的色彩。相比之下，刚才你还觉得无比玄虚的微观文明倒变得实在许多，更有一些可触摸的质感。

我们也可以设想另一种终极文明，比起那与神和幽灵无异的力场文明来，它具有的是无可比拟的宏伟壮丽，这就是最后宏观化的微观文明。微观文明向宇宙扩张的结果必然使自己的空间尺度再次宏观化，但这与大个体构成的原始宏观文明有本质的不同。它是文明的又一次升华，是生命在宇宙间谱写的最宏伟壮丽的乐章！对这种文明，我们只描述一幅图景，余下的由你自己想象：

一支宏伟的星际船队驶入太阳系，它们的每艘飞船都有月球大小，但这些飞船却是由几千个细菌大小的宇航员驾驶的，他们聚在一起我们也只能用显微镜看到。

对于生命和文明在宇宙中的前景，任何想象都将软弱无力。

等到有一天地球文明扩展到了全宇宙，将建立起庞大的银河帝国。银河帝国，听起来多么地令人浮想联翩，但是如果解决不了通信和交通的问题，这一帝国也只能存在于小说家的笔端了。所幸目前的一些理论像"黑洞隧道"（连接黑洞与白洞这两个宇宙中不同地点的一条通道）以及奇妙的时间旅行理论都表明，在瞬间穿越整个银河系并不是绝对不可能的。在科幻小说中，这种航行一般称作"超空间旅行"或是"跳跃"，它可以使飞船在两地间瞬间移动。不难理解，只有在类似的技术比较成熟以后，建立一个银河帝国才有实质意义。

科幻小说从不同层面描绘了人类的未来。但我们应当认识到，这些小说所描述的未来与预想，无一不是在科学的基础上才能成立的。我们如果要跨出地球，走向恒星，必须依靠科学技术的力量。关注未来，更要关注我们眼前的科学。因为，明天的一切，都由今天决定。

好了，无论是走出地球还是建立银河帝国，在科幻作品中都已经无数次发生了。虽然它们离现实还是那样遥远，我们仍可根据现实中的一些蛛丝马迹推想未来人类遍布整个宇宙的时代，那必定是一个光明而辉煌的时代。

然后，没有理由认为我们是宇宙中唯一的智慧生命，那么让我们准备和外星人握手吧，说不定有那么一天，当年我们派出的宇宙探险队，历尽千辛万苦归来时也会被我们的子孙当作外星人呢。不同的环境造就不同的文明。不同的文明碰撞时会发生什么，现在仍然只能依靠想象。但这并不妨碍我们期待着与这些遥远伙伴相遇的那一天。

资料：星际旅行的动力

进行星际旅行，首先要解决动力问题。以光年（1光年＝9.46×10^{15}米）计算的航程十分漫长，离地球最近的恒星毗邻星，目前的化学能火箭也约需数万年才能到达。为了将这个时间压缩到人的寿命限度内，必须让飞船达到0.5倍光速左右的速度。为此，化学能火箭显然不能胜任，甚至核裂变发动机也做不到，但核聚变和反物质发动机是可能的。

一种核聚变冲压发动机方案用收集星际游离氢原子的方式获得能源，它需要直径6000千米的"漏斗"。反物质用作能源虽然有质量轻、效率高等优点，但它的制备和储存都很困难，也许需要在地球轨道上建立永久性的庞大设备以获得它们。除此以外，光帆也是可行的动力方案，用强大的激光束作为外部动力源，至少可在飞船加速阶段帮助节约大量燃料。

最奇异的星际旅行方式仍然是"空间弯曲"，即科幻作品中经常提到的跳跃航行。但这一方案真的可行吗？尚且有待于技术发展的检验。

177

天外篇　遥远的伙伴

"宇宙中其他地方还有人吗?"

"问得好,你说呢?"

"我不知道。"

"回答得也好。你是个怀疑论者,嗯? 重要的是,你们要去寻找自己的答案。不过有一点我可以告诉你们,宇宙是一个非常大的地方。它比任何东西,任何人所能想象的都要大。如果只有我们,那就太浪费空间了,对吗?"

电影《超时空接触》

11.观测:善其事必先利其器

对空间和星球的考察有两个主要途径,一是发射探测器,另一是使用各种望远镜和探测仪器进行观察。考察的目标当然首先就是我们赖以生存的恒星太阳。迄今,最为精密的两个太阳探测卫星是欧洲空间局与美国航天航空局共同研制的"尤里西斯"太阳极区探测器和太阳及日球层观测平台"SOHO"。它们的任务是观测研究太阳的三维辐射分布及太阳内部结构与动力过程,以及日冕高温的加热机制和太阳风的形成与喷发过程等。在对太阳内部活动、日核温度、日震、中微子亏缺、外层大气运动、磁场结构与变化、冕洞及太阳风高速粒子流等等剧烈运动现象的观测中,这两个探测器获得了大量宝贵的数据。"SOHO"在观测太阳期间还得到了额外的副产品：发现了上百颗彗星，获得了数颗彗星被太阳吞食的精彩镜头。

太阳系的其他星球也是近年来考察的重点。1989年升空的"麦哲伦"金星探测器运用先进的综合孔径雷达技术对金星表面90%的地区进行了详尽的雷达测绘，并得到了极高分辨率的金星表面三维数字地图，使科学家们对金星的地质地貌、火山活动等有了前所未有的了解。美国的"克莱门汀"和"月球勘探者"两个探测器先后对月面的极区进行了探测，获得了在月球两个极地中太阳无法照到的区域存在冰湖的证据。这对人类再次登月并建立永久性基地是个极为巨大的鼓舞。

射电望远镜阵列

2001年2月12日，近地小行星交会探测器"苏梅克"成功地在433号小行星"爱神星"的表面软着陆，完成了人类航天史上第一次无人飞船着陆小行星的壮举。这艘飞船在太空中飞行了5年，行程32亿千米之后实现了人们的夙愿。它上面携带了多种先进观测设备，对"爱神星"的形状、重力、质量、密度、磁场和化学组成等进行了详细考察，使人们对小行星以及太阳系的演化理论有了更新的认识。

2004年3月，欧洲航天局的彗星探测器"罗塞塔"号发射升空，2014年8月抵达距离地球近70亿千米的67P彗星，成为这颗彗星的卫星。"罗塞塔号"围绕67P彗星运转了两年,进行了数千次探测,并拍摄大量照片,还向彗星表面发射了着陆器"菲莱号"。科学家希望由此了解太阳系形成初期的彗星的情况,进一步探究太阳系甚至人类的起源。

从20世纪70年代开始,"先驱者10号"等探测器陆续对木星、土星、天王星和海王星等进行了大规模探测。2006年1月,美国发射"新视野号"探测器,其主要任务是探测冥王星及其最大的卫星卡戎(冥卫一)和探测位于柯伊柏带的小行星群。采用核动力的"新视野号"探测器每小时速度达到5.7万千米,用了9年多时间,终于达近48亿千米之外的冥王星。现在,"新视野号"继续向太阳系外部飞行,下一个目标是太阳系边缘的柯伊柏带,它将是人类遥控技术的极限。

除了这些探测器,天文望远镜在大量高新技术设备的武装下也有了质的飞跃。地球表面的大气层是天文观测的最大障碍,由于云层阻隔,大气抖动以及光污染等因素,使得地面观测设备很难全面发挥其效能,特别是天体的X射线、γ射线等波段的电磁辐射基本被大气层吸收。因此,摆脱大气层的影响是天文学观测发展的方向。天文学家借助航天技术将望远镜发射到太空中进行观测,开创了空间天文学的新领域。

"钱德拉"射电望远镜

"哈勃"望远镜、"康普顿"γ射线望远镜、"伦琴"X射线望远镜、"钱德拉"X射线望远镜、"SOHO"太阳望远镜等众多太空望远镜使人类的视野得到了极大的扩展。由丁肇中先生主持研制，中科院电工所夏平畴研究员参与的 α 磁谱仪更把探测的触角伸向了宇宙生成的最初一瞬间。

α 磁谱仪

在这众多的探测仪器中，最引人注目、取得成果最多的，当属1990年升空的"哈勃"太空光学望远镜。这架重11.11吨，长13.2米的望远镜价值30亿元，以2.8万千米／小时的速度沿地球轨道运行。它以发现了宇宙膨胀的天文学家埃德温·哈勃的名字命名。科学家们希望它能够观测到宇宙的边缘，帮助人们找到研究宇宙起源和演变的最新资料。但是，"哈勃"望远镜却因经费、技术、管理等种种问题以及"挑战者"号航天飞机失事的影响，一直拖到1990年才被送上天。"哈勃"上天以后，科学家才发现其直径2.4米的主透镜边缘被磨得太平，多磨掉了0.25毫米，造成望远镜测量距离不够远的大麻烦。还有"哈勃"所带的太阳能电池板，它每跨过一次昼夜分割线就弯曲一次，引起本就模糊的图像跳动。美国航天航空局不得不花费重金对其进行了三次维修和改造。

181

哈勃天文望远镜

用哈勃太空望远镜拍摄到的银河深处

改造后的"哈勃"精度和灵敏度都有了大幅度提高,其所摄图像的分辨率可以达到0.1弧秒(1弧秒等于1/3600弧度),相当于从纽约能够看到东京一个伸开双臂的人双手所拿萤火虫的光亮。"哈勃"所拍到的最遥远天体,距离我们的星系有30000亿光年,是迄今人类所知的最遥远天体。来自"哈勃"的观测数据表明,宇宙膨胀的速度并不像科学家们乐观预测的那样在减慢,由于宇宙不断地膨胀,恒星也许将最终面临毁灭的命运,而宇宙也将漆黑一片。"哈勃"还能够发现星系中恒星体的化学成分和性质,并可进行紫外线波段观测。

但是"哈勃"并不能完全取代地面观测,相反"哈勃"和射电望远镜以及更高清晰度的地基望远镜结合起来工作效果会更好。同时,地基望远镜也在不断提升自己的观测能力,以其大口径、高分辨率在可见光、红外线、无线电等波段上进行观测。多镜面组合式的超大口径光学望远镜系统、长基线射电与光学干涉系统以及可改变镜面曲率以抵消大气抖动的自适应光学系统等众多高新技术的应用,使地基望远镜的分辨本领达到甚至超过了太空望远镜的水平。在空间和地面望远镜的共同观测中得到了近70颗拥有行星的恒星系统、星系物质的高速喷流、引力透镜效应、新型高能脉冲星、恒星从诞生到大爆发各阶段样本的精细图像、星系的相互碰撞、大质量黑洞与类星体、最遥远的星系等观测结果。几乎每一项新技术的运用都会导致新的重大天文发现。这一系列重大发现,大大丰富了人类知识宝库,对宇宙的诞生、发展与未来演化过程提供了更详尽的信息,同时也带来了更多的未解之谜。新的研究计划和观测仪器也在不断涌现,如水星探测器、冥王星探测器、暗物质和反物质探测器、引力波探测器、先进的火星探测器、新一代太空望远镜……科学家们正摩拳擦掌,期待一试身手。

进入21世纪后,不断传来关于射电望远镜的好消息。其中之一是一台新的全自动射电望远镜(GBT)在美国西弗杰尼亚格林班克落成。它的盘状天线直径有100米,新的技术应用保证它不受自身支撑臂影响,可以接受来自宇宙深处的微弱无线电信号。射电望远镜将把这些无线电信号收集起

183

来并转变成可以用来分析的图像和曲线。

　　我国在观测仪器上也有了重大突破。2016年9月25日，在贵州平塘，500米口径球反射面望远镜（FAST）落成启用。这是目前地球上最大的单口径射电望远镜。FAST的500米口径球冠状反射面的主体被固定在洼地上，反射面由许多十几米大小的单元组成，各个单元可在计算机控制下改变位置，在指向目标的方向上形成300米瞬时抛物面。结合其他技术，FAST的观测天顶角增大到60度以上，它将在众多研究方向发挥作用，如：可以通过对中性氢的探测发现早期宇宙基本物质的分布特点；发现更多的脉冲星；作为国际甚长基线网的巨大单元参加联测，增加可观测目标；成为寻找地外文明的权威基地；为我国深空探测通信提供地面保障等。除了FAST外，我国还建设了LAMOST，世界上口径最大的大视场和光谱观测获取率最高的望远镜。LAMOST安装在中国科学院北京天文台兴隆观测站，它是光谱获取率最高的望远镜，可观测到比肉眼可见的最暗恒星还暗百万倍的恒星，这将极大促进我国在恒星、银河系、河外星系、活动星系核、星系团等各个领域的科学研究。

我国FAST射电望远镜落成投入使用

12.寻寻觅觅：外星生命在哪里

靠着这些新的探测器和望远镜，我们的目光深入宇宙深处。那千百年来萦绕在我们心头的问题更加急迫地想要得到答案：有外星生命存在吗？人类是否孤独？一次又一次地，人们将发现外星生命的希望寄托在深空探测上，可事实却令人一次又一次地失望……外星人究竟在哪里？他们到过地球吗？科幻作家试图从各种角度讨论这个问题。在科幻小说《2001：太空漫游》中，外星人的机器开启了类人猿的智力，使他们学会了使用工具狩猎，从而踏上了进化为人的道路。外星人不仅仅将类人猿引进了人的门槛，还在其他星球上设置机器，准备将人引入宇宙文明的大门。

与讲求科学依据的科幻作家不同，现实中有些研究者狂热地寻找外星人到访地球的痕迹。他们试图从许多消失的文明遗迹中找出外星人降临地球的证据。他们甚至认为，正是这些外星人指导人类认识复杂的天象、修建宏伟的建筑……

185

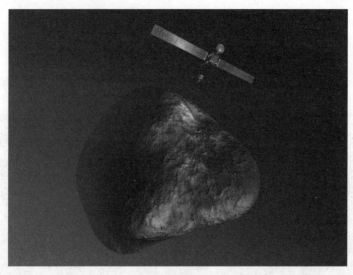

"罗塞塔号"搭载了一颗名为菲莱的微型登陆器,想到彗星上去寻找生命的踪迹

但是,严谨的科学家并不相信人类文明是在外星使者的引导下获得的,他们要求确凿无疑的证据。事实上,对许多神秘事物的详细研究表明,那些似乎地球人不可能完成的工作,仍然出自地球人之手。那些神秘消失的文明,其来龙去脉仍然可以在历史的迷雾中找寻。将人类的文明成就归功于外星使者的引导,与其说是对外星文明的仰慕,不如说是对人类自身能力的认识不足。

外星人会是这个样子吗

印度岩画上的这些戴头盔的人，是远古的外星宇航员吗

随着科技手段的进步，人类学家和考古学家发现，人类文明从早期开始就处于不断的交流和融合之中，与世隔绝独自生长发育的文明很难具有旺盛的生命力。那么，人类文明发展到一定阶段，也必将汇合于整个宇宙文明之中。到了那时，人类也许将扮演文明使者的角色，出现在新的行星所孕育的幼小文明前。

寻找外星人，还是应当脚踏实地用科学的手段从探索外星球开始。17世纪和18世纪的很多天文学家曾经想象，所有的星球上都居住着像我们一样的人类。17世纪发现土星环的荷兰科学家科里斯琴·惠更斯就认为木星和土星对宇宙航行者来说是理想的场所，因为这两颗行星都有很多的卫星可以帮助航行。甚至还有人相信太阳上也存在着生命。"月球人"和"火星人"的传说由来已久，第一部科幻电影讲的就是人类登上月球后与月球人遭遇的故事。直至20世纪50年代，天文学家们还希望火星上存在着原始的植物生命，比如薜类植物、地衣等。正是这种不懈的探索未知世界的精神，促进了行星探测器接的开发应用，使其得以二连三地发射升空。这些探测器为我们传回大量的图片及数据。它们有的已经寿终正寝，有的还在太阳系中继续工作。下面我们就来看看它们考察的结果。

太阳系内

水星

这颗运行轨道高度倾斜且偏离轴心的星球比月球略大一点，掩藏在太阳的光芒里而被人忽略。只有"水手10号"探测器在1974年拜访了它，并拍摄了星球表面45%的地区，发回地球2000多张图片。据照片显示，水星表面密布环形山，很像月球。其冷寂和荒凉的程度也与月球相像。要想在水星上生存及其困难，因为水星上白天温度可达到450℃（很多种金属，比如铅，在这个温度上会熔化掉），夜间却下降到－173℃（很多气体，比如氧气，在这个温度会变成液体）。没有任何证据表明水星上有生命存在，虽然水星有一个稀薄的，含少量氢、氦和氧以及金属元素的大气层。近期观测表明，水星极地附近的永久背阴区域中可能有水，而且水以固体冰的方式存在。但这一观测只是一个从水星极地附近反射回来的雷达波束分析结果，还不能真正证实水星上有水。

水星

为此，NASA于2004年8月3日发射了"信使号"水星探测器。7年之后，"信使号"在2011年3月18日顺利进入水星轨道，成功完成了大量水星半球的拍摄任务，向地球传回超过28万幅图像，证实20余年前雷达检测到的水星极地固态物质正是冰,极地表面和地下数千米均存在固态水,且已存在了很久。而且,水星极区陨坑内的水冰沉积物在一些区域还被某种神秘的暗色物质覆盖,这种物质的温度似乎比水冰稍高一些,厚度约20～30厘米,比水星上的任何其他物质都更黑。这很有可能是经过的彗星将其含碳物质播撒到水星表面所造成的结果。

2015年科学家发现水星的磁场非常古老,它持续存在长达约45亿年之久。水星的磁场强度虽然不到地球磁场强度的1%,但它却拥有完整的全球磁场。水星磁场的产生机制与地球类似,都是由地核内部高温液态金属转动产生电流所驱动的。水星上存在水和磁场的事实,无疑唤起了人类对水星是否存在生命这一问题的关注。

金星

金星仿佛是火的地狱

表面温度达到482℃的金星一直被视为是生命最不可能生存的地方,然而近几年来有科学家甚至推测地球生命可能来自金星。先后有4个探测器经过金星,观测季节显示,金星面积和构成与地球十分相近。金星表面简直就是传说中的地狱再现:灼热的温度足以使铅熔化;空气压力比得上深深的海底;无所不在的硫黄使那里弥漫着硫酸雨。但是科学家们认为在金星上也可能存在着生命。金星上的微生物也许通过陨石来到地球,从而在地球上播下了我们祖先生命的种子。"麦哲伦号"探测器对金星历时4年研究，发现这颗在许多方面与地球相似的行星其早期可能存在着与地球非常相似的条件。太阳系形成初期，太阳的温度比现在要低1/3，金星可能适宜生命存在。

对来自月球和金星的陨石所做的研究证明，九大行星并不是彼此孤立的，很可能有东西在行星间飞来飞去。这意味着生命在太阳系中只要出现过一次，就有可能通过陨石传播到其他星球上。这些陨石是被彗星和小行星撞击以后飞散到太空中去的。如果生命是在金星上开始，如今的金星上可能还会有活的微生物存在。金星总是被厚厚的硫黄云包裹着，硫黄云里面还有一个云层，那里具备常温和常压，具备抗酸能力的微生物可能生存。但金星上目前没有发现水，这是金星上可能存在生命这一观点遇到的最大障碍。

2007年，欧洲空间局的"金星快车"探测器到达金星。主要任务是对金星大气的研究分析，帮助科学家对金星大气进行层析透视、研究金星地表、研究金星等离子体环境以及这些等离子体与太阳风之间的相关关系。"金星快车"观测证实，金星上存在闪电现象。因此，科学家在未来对金星大气的研究中将考虑闪电对大气的化学影响，不仅如此，闪电释放的电能也有可能在原始地表中擦出生命的火花。

金星和地球的基本成分非常相似，它们较明显的差别是水资源含量。金星表面很少有水，但地球表面遍布海洋湖泊，如果将金星大气层中的水蒸气浓缩蒸发降落在地面上，至多只能形成3厘米深的水洼。有科学家认为，在数十亿年前金星像地球一样拥有大量的水资源，如今却损失了大量的水资源，这些水资源都分解进入到了太空，即水分子分解成原子——两个氢原子和一个氧原子，之后这些原子逃逸进入太空。金星快车探测器通过测量氢氧原子的逃逸比率，发现氢原子的逃逸数量是氧原子的两倍，进一步证实了上述假说。同时，科学家在金星大气层顶端还发现一种叫作氘的较重氢原子，这是由于氘这种质量较重的氢原子难以逃离金星的重力束缚。不论怎样,如果金星曾经存在表面水资源,那么该行星很可能在较早期阶段具备孕育生命的条件。

月球

登上月球的美国宇航员没有看到中国民间传说中的嫦娥和吴刚。虽然对于月球上的居民有无数的猜测和幻想小说,但至今我们也没有在月球上发现任何生命的痕迹。1998年3月,科学家们推测月球两极可能有冰存在。如果月球上存在大量的水,我们就可以将其分解成氢和氧。氢可以作为宇宙飞船的燃料,氧可以供人呼吸,这样人类就可以在月球上建立中转基地飞往其他星球。遗憾的是,1999年"月球勘探者"探测器撞击月球南极寻找水源的努力没有取得成功。

2009年10月,美国"月球勘测轨道飞行器"和"月球坑观测和传感卫星"通过一系列的观测和月壤研究,终于发现了月球上存在水的证据,这成为近期人类最具科学价值的探月行动。

"嫦娥三号"拍摄的月球照片

"嫦娥三号"拍摄到的月球照片

2010年10月9日，中国"嫦娥二号"月球探测器卫星顺利进入轨道高度为100千米、周期约118分钟的极轨圆形环月工作轨道。"嫦娥二号"任务之一是验证月球的"微磁层"效应。月球没有全局磁场，局部区域拥有异常的磁结构，磁场强度比正常月球空间环境中的磁场大1～2个数量级。这种磁异常结构能否与太阳风等离子体发生相互作用而产生"微磁层"结构，一直是科学家关注的一个问题。从实际意义上说，这种"微磁层"的存在可以有效地屏蔽太阳风高能粒子流，为生命的存在提供条件，也可以成为对未来月球车或永久性月球基地的建设提供可靠的选址依据。

2013年12月14日，中国"嫦娥三号"探测器成功软着陆于月球雨海西北部，15日完成着陆器巡视器分离，并陆续开展了"观天、看地、测月"的科学探测和其他预定任务，取得一定成果。"嫦娥三号"探测器着陆点周边区域命名为"广寒宫"，附近三个撞击坑分别命名为"紫微""天市"和"太微"。"嫦娥三号"月球探测器创造了全世界在月工作最长纪录。其拍摄的月面照片是人类时隔40多年首获最清晰月面照片，其中包含大量科学信息，照片和数据向全球免费开放共享。

火星

科幻小说中火星人一度成为主角,不知道为什么,火星人大都被描写为绿色的小个子。19世纪的天文学家一再声称在火星上发现了运河,但长期的科学观测和探测器实地考察证明,火星上所谓的运河只是长长的、宽宽的干涸河床。火星如同月球一样是荒凉的没有生命的所在。

目前火星的环境条件对于生命来说同样是不适宜的。这个星球的大气层中有95%是二氧化碳,星球表面没有液态水,仅有少量的水蒸气和氧气。探测器传回的火星数据表明,那里有滚圆的卵石、歪斜的岩石和遍布各地的沟壑,这是曾经洪水泛滥的证据。科学家分析,火星上可能有流水,而且这些水存在的年代距今较近,早期的火星上还可能湖泊遍布,也许

出现过海啸。那时候的火星温暖而潮湿,存在着也许是微生物的生命形式。

火星

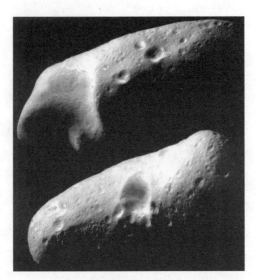

火星的卫星形状像个土豆

照片中火星上的人脸图案，后来证明只是光和影子的杰作

　　1996年，一块1.3万年以前坠落在南极的火星陨石ALH84001成为大众焦点。一个研究小组报告这块陨石中存在火星微生物的痕迹。研究者认为陨石中的碳酸盐小球内部和它周围多环芳烃（PAH）的有机化合物浓度很高，很有可能是微生物分解以后遗留下来的。碳酸盐小球内还含有卵球体和管状体。这些物质的特征与形态基本上和地球的细菌类似。该研究小组推测，有机体如果在火星遥远的年代就出现了，那么完全有可能它们依然存在，且隐蔽在火星的温泉或者地下热水系统中。

然而科学本身是无情的。这个研究小组的报告被以最严格谨慎的态度重新进行了审核，因为有相当多的研究者不相信陨石中的微小物质是细菌残骸。对该陨石的重新分析表明，陨石受到了太多的污染，已经不能清晰表达其所携带的火星信息。

火星陨石 ALH84001

人们普遍认为，水是生命存在的前提。2015年，美国国家宇航局宣布火星表面上有液态水存在。这一结论来自于火星勘测轨道飞行器。该飞行器自2006年开始执行火星任务，已经多次在火星的斜坡表面上发现阴影条纹。科学家通过光谱数据分析，证实条纹与水合盐矿物光谱数据吻合，也发现了存在含水矿物的迹象，水合盐的主要成分是高氯酸钠，可以降低水的冰点。由于火星的公转轨道为椭圆形，因此，火星上冬天和夏天的温差超过100℃，而且，火星表面平均温度低至 -27℃。一些科学家认为，火星的公转轨道运行至接近太阳的位置时，就形成了温度较高的夏季，当温度超过了固态冰的冰点，固态冰就融化了，于是在火星表面出现了液态水，滑过斜坡后形成一道道痕迹。也有科学家认为，火星表层下本就含有大量液态水，液态水渗出地表形成了地表浅痕。

液态水存在的证据增加了火星上存在微生物类生命的可能性，因为任何液态水的存在都会为环境的宜居性加分。而对于未来前往火星的宇航员而言，火星近地表存在的液态水也将让他们在那里"更容易生活"。

195

人类探索火星的脚步从没有停止过,1962年苏联向火星发送了人类历史上第一颗火星探测器"火星一号",1965年NASA的"水手4号"首次成功到达火星并传回了第一张火星的照片。进入21世纪人类加快了探索火星的步伐,从"奥德赛""火星快车"到"勇气号""机遇号""凤凰号""好奇号"和"Maven号",人类逐渐了解了火星的表层环境。2008年,"凤凰号"火星探测器登陆火星时在地表下发现冰冻水,2015年9月科学家宣布火星存在液态水,同年证实火星曾经存在厚重的大气层,这一切大大提高了火星存在生命和宜居的可能性。火星上的液态水经过处理将可以成为宇航员的饮用水,同时也可以为火箭燃料制造足够的氧气。由此可见,对火星的研究和探索对人类的行星勘探和行星移民计划都有着重要意义。

资料:火星陨石的来历

陨石中含有微小气泡。经分析气泡内气体的化学与同位素成分在9个数量级的范围内都和"海盗号"着陆器1976年测量过的火星气体一样。于是,可以断定,这块陨石来自火星。

木星

木星

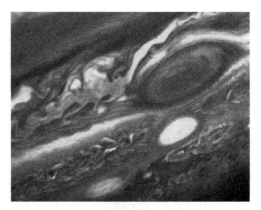

木星的标志大红斑

人们将木星存在生命的希望寄托在它的两个卫星上。木卫二和木卫三表面都覆盖着厚厚的冰层，冰层下面可能存在着海洋。人们对这两个卫星是否存在着原始生命形式给予了很大的关注。科学家推测，如果有海洋，就会有一个熔融的地心和热量排出口以保持海水温度。在地球上，这样的热量排出口附近存在着生命现象。2003年美国原计划发射木卫二轨道探测器以寻找星球上受潮汐影响而形成的弯曲冰面，如果有，则可以肯定存在冰下海洋。但直到2011年，美国才将第二个木星探测器"朱诺号"送上旅程。四年后，2016年7月5日，"朱诺号"成功进入环绕木星轨道，展开探寻木星起源的任务。这颗探测器将环绕木星运行20个月，收集有关该行星核心的数据，描绘其磁场，并测量大气中水和氨的含量。

科学家是在对"伽利略号"探测器发回的数据和图像进行分析后，推测木卫二冰冻的表面下可能存在一个由液态水构成的全球性海洋，它能孕育与地球上的细菌类似的微生物。当时"伽利略号"探测器对木卫三进行磁场测量，竟发现在这颗卫星冰表层190千米的下面可能隐藏着像地球上海洋一样的咸水。冰在太阳系并不少见，但目前在宇宙中只有地球被证实存在液态水。因此科学家已决定将木卫三加入到包括木卫二和火星在内仅有的几个拥有液态水迹象的星球行列，在今后利用能够穿透冰盖的遥感仪器对木卫二和木卫三进行考察，以确定它们是否真的含有水。

197

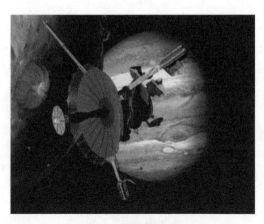

"伽利略号"探测器飞向木星

2012年，科学家通过原子发射谱线发现了木卫二南极有大量的氢原子和氧原子，极有可能是气态水被辐射分解成了氢和氧。通过地面的天文望远镜以及飞过木卫二的探测器，天文学家采集到了木卫二表面以及内部结构和磁场的数据，各种数据使研究人员高度相信那里存在这一个覆盖全球的巨大地下液态水海洋，覆盖在坚硬的冰层之下，不过冰层的厚度未知。未来的木卫二探测任务中，探测器可以直接从星球表面采集液态水。通过对木卫二表层液态水的研究，科学家们可以尝试揭开木卫二生命之谜，如果木卫二内层海洋存在生命，那么来源于木卫二冰层的水汽羽状喷流很有可能会将微小的海洋生物带到表层。

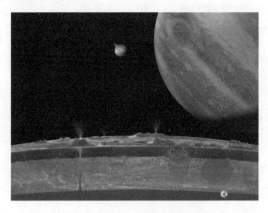

木卫二的冰层下面可能是海洋

土星

土星

土星的卫星很多

天外篇　遥远的伙伴

　　土星本身乏善可陈。受到寻找生命迹象科学家重视的星球是它的卫星土卫六。被稠密的橘黄色大气层所包围的土卫六，有一层神秘色彩。研究表明，土卫六的组成与40亿年前地球形成初期很相似，这对研究地球大气层的形成和生命的起源具有重大意义。

　　"卡西尼号"探测器对土卫六的探测表明，在其冰冻的表面上，拥有液态甲烷和乙烷形成的海洋，类似于生命进化前的环境。2009年2月，科学家发现土卫六狂降甲烷雨，并在其南极形成了一个面积为3.4万平方米的新的液体甲烷湖泊。这首次证明，土卫六可能也像地球一样存在着活跃的"水文循环"，只不过其循环主角是碳氢化合物甲烷。科学家通过观测还发现，土卫六有明显的大气层，可以帮助人类抵御宇宙射线侵害的有力屏障。相对于火星来讲，土卫六更适宜人类移民。

　　2009年8月，巴西科学家发现，他们在土卫六环境仿真模拟条件下获得腺嘌呤分子。腺嘌呤是组成DNA的4种碱基之一，是构成生命的重要基础。这一发现显示，土卫六上具有存在生命的可能性。

画家笔下土卫六的黄昏

太阳系外

寻找外星生命，科学家首先从和地球有相似结构的星球开始。太阳系的各个行星似乎都没有生命的迹象，于是，寻找太阳系外的行星，就成为新的焦点。截至目前，已有24颗恒星被证实有行星。这些行星多数都大得惊人，比太阳系最大的木星还要大。而木星相当于地球的300多倍。

2001年，天文学家在距离地球50多光年的"天龙座CM太阳系"中，发现了两颗体积与地球相似、地表是以岩石为主的行星。它们正围绕一对类似太阳的"双子恒星"运行。恒星周围水蒸气含量超过预计的1万倍，科学家们因此分析，恒星周围的天体上可能存在着液态水。这两颗行星环绕恒星运行的轨道距离适中，如果它们上面存在液态水，则可能有生命繁衍。目前科学家正在进一步研究这两颗行星反射的光线，以探明它们的大气层中是否包含氧。由于围绕两个类似太阳的恒星旋转，两颗行星的日照时间和气候会变化不定，如果上面确实有生命存在，肯定与地球生物有巨大的差异。

2005年，科学家发现了15光年之外的类地行星格利泽876d，它的质量是地球的7.5倍。格利泽876的太阳是一颗红矮星，体积仅仅只有太阳的一半，但喷射出的热量却一点都不少于太阳。因此格利泽876d内部潮汐运动剧烈，经常有极端的火山喷发。在格利泽876d红血色天空中还悬挂着一颗炽热球形卫星，这颗卫星的稀薄大气层被恒星季风吹得支离破碎。

此后，多颗类地行星被陆续发现，有的行星上还有可能存在液态水。2016年发现的沃尔夫1061c，是一颗岩石球体行星，质量是地球的4倍，是迄今发现太阳系外部最近的潜在宜居行星，距离地球仅14光年。沃尔夫1061c位于行星轨道最中间的恒星宜居地带，可能存在着液态水，甚至是生命。

　　一系列高精度太空望远镜将被用于寻找体积较小、被恒星光芒淹没的行星。望远镜将摄取这些行星的大气层光谱和生命分子特征，以便和地球的光谱线对照，捕捉生命存在的蛛丝马迹。

　　科学家们激动于寻找和地球环境类似的星球，寻找可以和我们地球人交流的外星生物。

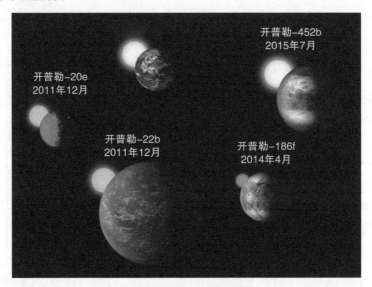

开普勒-20e
2011年12月

开普勒-452b
2015年7月

开普勒-22b
2011年12月

开普勒-186f
2014年4月

科学家们找到的类地行星

开普勒-22b (Kepler-22b)，距离地球约600光年，体积是地球的2.4倍，从大小和运行轨道都与地球相似，它每290天环绕着一颗类似于太阳的恒星运转

20世纪,刚刚掌握了无线电技术的我们就兴奋地给外星文明发出了问候电报。

1974年11月16日,由位于加勒比海的阿雷西博天文台的射电望远镜发出一份地球电报,目的地是武仙座的M13星团。该星团距离太阳系超过20000光年,直径达200光年,密集着几十万颗恒星,其中存在智慧生命的概率很大,收到地球的无线电波可能性也就相应会大一些。据测定,这封电报要25000年才能抵达M13星团。

这封电报以0和1的二进制数码编制,总共有1679个0和1的字码。编制电报的人认为,用两个射电频率之间的变化来表示0和1,是宇宙间任何掌握射电天文学的文明都有能力解释的。电报的1679个字码可以被73和23除尽,从而排成一张73行,每行23个字的电码图。将图中的1涂黑,即可得到一张隐藏着地球和地球人丰富信息的图表。这些信息包括:1到10的二进制数字、5种化学元素的原子序数、DNA分子的化学公式、地球人的形象和高度、世界人口、太阳系简图等。

除了这封电报外,1972年和1973年,"先驱者10号"和"先驱者11号"宇宙探测器分别携带同样的铝制镀金的地球名片飞入太空,名片上镌刻了有关太

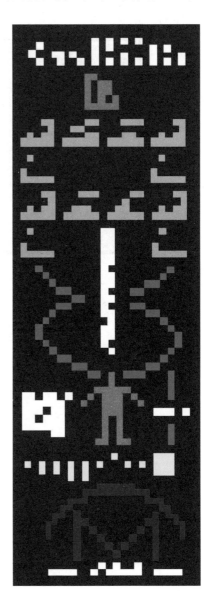

20世纪发出的星际电报,还没有收到回音

203

阳系和人类的信息。"先驱10号"1997年结束了考察太阳系外部的使命,飞向金牛座。它第一次通过小行星带,并且直接观察了土星,获得了大量珍贵的资料。"先驱11号"则在1995年9月结束任务后向人马座西北飞去。两架探测器此刻已将人类的信息带进宇宙深处。

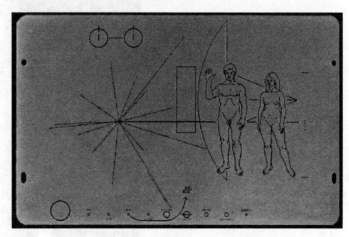

地球名片

地球名片设计精巧,刻有太阳系、探测器、男女地球人等图像。翻译名片的钥匙刻在了名片上,它就是宇宙分布最广泛的元素氢的分子结构。任何有关于氢的足够知识的文明都能将其翻译。

1977年,"旅行者1号""旅行者2号"探测器带唱片和唱机进入宇宙。唱片可播放120分钟,被称为"地球之音"。唱片里收集了能够体现当时地球的典型图片和声音,其中有太阳系和人体、人类的染色体、动物、火箭、建筑等的示意图,有自然和人造的声音,还有地球上60种语言的问候语。

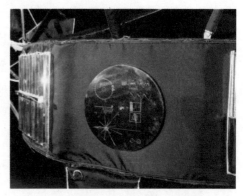

携带了"地球之音"唱片的探测器

后来研究者又以类似方法制作信号发送到外太空去。但是直到今天,还没有哪个外星种族回复了地球人的信号。杳杳太空，不知道何年何月地球人才能和外星人互道一声"你好"。

科学家是永不言放弃的，他们坚信，通过自己的努力一定可以找到地外文明。于是，名为"SETI"的搜寻地外文明的庞大计划被制定，并通过因特网使普通民众也可以参与其中。

地外文明探寻计划

SETI 计划

SETI（ The Search for Extraterrestrial Intelligence，SETI ）计划，由美国航空航天局组织实施，主要是通过在地面监听来自太空的无线电波，从中寻找人造信号，从而捕捉地外文明的信息。科学家们相信，只要不断改进接受设备的灵敏度，加大搜索范围，就一定可以接受到来自遥远星空的智慧信号。

SETI 计划已经实施了40年，主要依靠设在波多黎各的阿雷西博天文台直径305米的射电望远镜。这架望远镜24小时全天候不间断地监听着来自外太空的电波。

　　SETI计划分为全天搜索和定点搜索两部分。

　　全天搜索使用美国航天航空局深空探测网中直径为34米的天线,检测频率为1000～10000兆赫兹的所有电波,其中包括被普遍看好的氢原子波长。因为氢是宇宙中最常见的物质。科学家们猜测,如果外星人要向其他天体发出信号,应该使用最容易找到的交流方式,即氢波长编制文明的信号,就像我们所做的那样。

　　定点搜索则使用美国航天航空局直径70米的巨型天线和直径305米的射电望远镜,检测电波范围包括频率为1000～3000兆赫兹的所有频段的电波,以及3000～10000兆赫兹的部分频段。搜索距太阳系80光年以内的800颗恒星及若干星团和星系。

　　目前,SETI的科学家们还没有找到地外文明存在的证据。但是他们很乐观,因为还没有找到地外文明不存在的证据。相反,他们不断发现新的太阳系外行星,以及新的地外水(地球以外其他星球的水)痕迹。他们相信,人类必定会与外星智慧生命相遇,只是目前尚不知道相遇的时间和地点而已。

　　阿雷西博天文台射电望远镜24小时监听着外太空的电波,电波数量巨大,需要巨型计算机的分析甄别。这原先对于经费短缺的SETI计划是很困难的。但借助于因特网,SETI解决了计算方面的问题。这就是SETI计划的民间行动,即SETI@home。它利用网络上众多计算机的闲置能力一起分析宇宙电波,搜寻地外文明。任何一个人,都可以通过SETI@home下载分析程序和一部分由射电望远镜收集到的无线电波数据,而分析程序会在计算机闲置的时候对这些数据进行分析。 现在,每个对地外文明感兴趣的普通人通过SETI@home的主页 setiathome.ssl.berkeley.edu 就能参与到这一项最为实际的科学工作中来。目前,共有226国家和地区、超过500万的个人和团体参加了这项浩大工程,使用的CPU时间超过224万年。更多人通过这个计划了解到SETI的深刻含义:这不仅仅是寻找地外文明,这更是在寻找人类的将来,因为人类需要认清自己在宇宙中的地位,需要加入到宇宙文明大家族中去。

阿雷西博天文台

也有科学家对SETI所采取的搜索方法提出异议。他们认为,SETI完全是按照人类思维模式猜测一个智慧生命种族表达文明的方式:向外太空发射无线电波。这就意味着外星智慧种族和地球人有着相似的构造、起源和外貌,其诞生地也是和地球相似的行星。而宇宙中如地球般大小适度,有着丰富水分和适度大气层,以及适宜生命繁衍种种条件的星球截至目前还没有发现。

难道生命就不能以其他形式表现?生命的起源一定是地球式的吗?

生命的起源和形态

地球生命,也可能本身就来自太空。这或许可以解释我们为什么那样执着于向苍穹仰望。

关于宇宙中生命的起源,现在还没有一个定论。比较中肯的一种说法是：宇宙生命最初起源于一种叫作"原始细胞"的物质。美国研究人员通过模拟星际空间寒冷而恶劣的环境合成了这种物质，其分子结构与生物的细胞膜类似。研究人员进而推断，生命形成的初期化合过程无须在行星上进行，构筑生命的"原料"也许早在行星形成之前就已存在于太空之中，当它们偶然光临合适的环境（如地球），便可能形成生命。

一个正在形成的星系

太阳表面喷洒到太空中的热量，孕育了地球生命

其他生命起源说也很多。如美国华盛顿大学的俄裔科学家佐洛托夫认为原始生命有可能源自火山喷发。佐洛托夫指出,在火山喷发时,火山口内的气体温度高达1200℃。当这些气体冲出火山口融入火山口上方的蘑菇云后,气体的温度会降低至150～300℃。在这一过程中,蘑菇云中的氢、一氧化碳和起催化剂作用的磁性物质之间会发生剧烈反应,生成简单的有机化合物。这些有机物落到地面,与火山口溢出的逐渐冷却的熔岩相结合,便会形成有机物薄层,经过多年的相互作用后,便可合成具有自我复制能力的核糖核酸分子,从而使原始细胞的出现成为可能。如果情况确实如此,地球上的生命就该是火山活动的结果了。

除了火山喷发,另一种可能的地球生命起源理论是胚种论。该理论很早就被提出,但直到不久以前才重新引起科学界的重视。胚种论认为生命可能是以细菌或者孢子的形式从太空来到地球上的,彗星充当了细菌的运输工具。也就是说,地球上的生命可能是彗星带来的。

彗星上有水,微生物有可能就在其中生存。地质学的证据说明生命在地球上的存在可以追溯到36亿年前,那正是地球遭受彗星和流星撞击的时期。

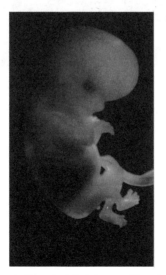

生命的胚胎到底在何处开始孕育

天外篇　遥远的伙伴

生命是由火山爆发带来的吗

　　科学家们用气球从离地面16千米和41千米的空气中取样,确实找到了一些细菌。美国航空航天局也在16千米的高空发现过活的孢子。1999年,在83千米高度,从袭击地球的莱昂尼德流星上找到了有机化合物。但这些证据尚不能完全支持胚种论。因为16千米高度的空气有可能受到地面尘土、飞机携带的地面细菌和乘客排泄物的污染;也没有证据表明,细菌在大气中不能向上移动跑到对流层外面去。

　　彗星上究竟存在不存在有机物质,看来必须到在宇宙中旅行的彗星上去找。为此，1999年2月，美国发射了去彗星取样的"星尘号"探测器。它在2004年和"维尔特2号"彗星会合，2006年把所取到的彗星样品送回地球。科学家们希望可以从彗星样品中找到生命起源的答案。

生物学家的研究发现表明，生命的极限远远超出人类的想象。在许多人们以为是生命禁区的地方，却有蓬勃的生命存在。这表明，人类对"生命"的认识还处于非常浅薄和自我的初级阶段。

海底热液活动形成了白色烟囱

在海底热液附近的生物长管蠕虫

1979年，科学家在东太平洋海岭中发现海水渗入岩石的缝隙，富含矿物质的蒸汽从岩缝喷涌而出，形成热液烟囱。现在，太平洋和印度洋都发现了这种热液烟囱。烟囱附近往往生存着大量生物，它们不依赖于阳光和氧气，有自己独特的生态模式。例如，2001年3月一个综合探险小组考察了印度洋中部洋中脊上的热液烟囱。该烟囱位于3500米深的印度洋底，没有阳光，氧气含量极少，温度接近0℃，但是烟囱附近的生物种类繁多，有海葵、虾类、蟹类等，生物的形态与上层海水中的同类大不相同。

不仅仅在热源附近存在生物，科学家还在墨西哥湾海底的水合层表面发现了新的生物。这是一种粉红色的扁平蠕虫。科学家分析这种蠕虫可能靠以烃为食的细菌为生。水合层形成于沼气集中的低温高压地区，比如海底，一般埋在海底表层以下。

211

科学家们还发现了大约100座由海底火山爆发后的沉淀物构成的水下火山系。在这里，各种各样奇怪、简单的生物，包括血红色的多毛虫和个体很大的蛤类组成了海底火山特殊的生态系。这些生物以火山口炽热气体滤出的营养物质为食。

在2500米深的海底，细菌能够依靠熔岩喷发产生的氢硫化物进行新陈代谢。这证明高温情况下，硅元素完全可以代替碳成为生命的化学基础。科学家还发现了以氯为骨架的非蛋白质生命。这种生命在雪水中生活，410℃高温时才消亡。

究竟具备哪些条件就可以称为生命，科学上并没有明确的定义。泛泛来说，生命是一些系统的集成，可以与环境进行信息的互动交流，有形态进化和新陈代谢的能力，并能够进行自我繁育。从这个定义来说，宇宙中存在生命的概率实在很大。

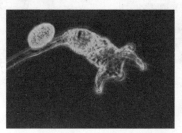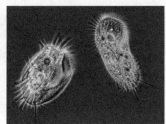

电子显微镜下的微生物

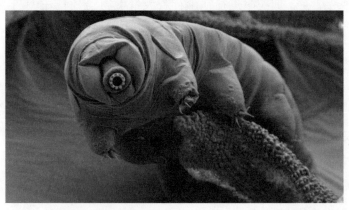

不足1毫米大小的水熊虫，耐高温耐低温，能在干燥、强辐射甚至真空中生存

因而，是不是我们应该将寻找外星智慧生命重新定义为"寻找外星碳基智慧生命"呢？那些在高温、高压或者低温条件下孕育的生命形式，也许是我们穷极想象力也无法推测的。或许，目前我们只能和同样依靠氧气、水以及阳光的碳基生命打交道。

13.我们等你很久了：与地外文明相会

银河中隐藏无数的生命形式

文明的产生是一件不容易的事情。在地球上，进化了400多万年的人类，仅仅是到了最近几千年才发展出了文明。人类学家、历史学家和文学家认为，一个文明的建立，必须要有国家、城市、文字、宗教等因素。在这个意义上，我们才敢说地球曾经存在过古希腊文明和古罗马文明。现在进行的中华文明探源工程，也是要去找寻原始城市、原始文字等等，因而困难重重。

地球文明的标准看起来已经是十分严格了。但是，怎么判断地外文明呢？地球的标准能不能适用于宇宙？美国天文学家卡尔·萨根为外星智慧文明制定了标准，那就是"掌握了射电技术"。但是，他又不无忧心忡忡地指出，也有可能，某个星球上的居民都是了不起的诗人，但对射电技术却根本一窍不通。

213

因此，外星生命学家便设想了多种多样的文明：那里的智慧生物，也许不必要建设城市，因为他们在空间流浪，靠吸取氢能为生；他们也不必要发明文字，因为他们用脑电波直接通信。这样一来，我们所认可的文明，在他们眼里就是一种很奇怪的东西；而他们眼中的人类文明，可能就是一种非文明。结果，就会引发很多悬念。

画家笔下的外星人和外星世界

文明犹如恒河之沙

最大的悬念在于，宇宙中不同文明的相遇，会产生什么效应。都自认是文明代表，而视对方不是文明的两个"文明"，在相遇时会发生激烈的冲突么？这样的话题，仅仅是在过去一个世纪才变得现实起来。

1898年，威尔斯发表了科幻小说《星际大战》，讲火星人进攻地球。这部小说改编成广播剧播出时，许多人信以为真，纷纷逃难，爆发了一场骚乱。

但这还仅仅是科幻。后来这部小说还拍成了电影，更加深了大众对"邪恶"火星人的印象。

1947年以后，事情的发展就越来越不像科幻了。那年，有美国人报告说发现了飞碟。很快，出现了有关外星人莅临地球的传言。之后，全球成千上万人报告发现飞碟。有的人甚至声称被绿色小矮人劫持。

电影《第三类接触》中，外星人的飞船终于出现在人类面前

电影《第三类接触》中，外星人和人类的接触令人期待

　　这时，又出现了一些所谓的"史前考古学家"，如冯·丹尼肯，他的《众神之车》流行于世界。书中称，地外文明在几万年前就访问了地球，留下了大量不解之谜。文明的碰撞，在史前就发生了。

　　政府和科学界也投入资金，关注地外文明。美国的"旅行者"和"先驱者"计划便是最著名的例子。飞船上携带了人类文明的全息记录，包括美国总统致外星人的信件，希望能被外星人截获，从而了解在银河偏远地区的太阳系的文明情况。

　　美国科学家还通过射电望远镜向太空发射电报，主要目的是告诉外星人有关人类和太阳系的信息。

　　地球人对地外文明的关注，与人类提出向宇宙进军相同步。这是宇航时代才开始的话题。20世纪，人类首次真正把目光投向太空，并在外星留下了脚印，从那时起我们便期待并惶惑着与另一种高智慧生物的相会了。

　　那么，地外有没有文明呢？悲观者认为，连生命的产生都是很不容易的，很可能地球是一个特例，人类文明仅此一家。但更多科学家乐观地认为，在宇宙中，文明会像繁星般数不胜数。

　　20世纪60年代初，射电天文学家弗兰克·德雷克推出了著名的"德雷克方程式"，并根据这一方程式推算银河系中我们可联络的文明数目。德雷克很高兴地计算出宇宙中有4.5亿颗星球产生了智慧生命。文明真的多如恒河之沙呀。

　　而根据科幻小说家艾萨克·阿西莫夫的计算，多达3.9亿颗的行星上发展起了具有高度技术的文明，这些文明的技术比人类要先进许多，文明之间的距离为40光年。

　　美国天文学家卡尔·萨根的推算则是，银河系有超过100万颗行星上产生了文明。它们间的距离可达上百光年。有的文明，可能发展出了星际旅行的方式。

碰　撞

目前,我们还没有证据可以表明,发展出了星际旅行方式的地外文明已经与我们的文明相碰撞,但是,科幻作家却已经勾勒出了以下种种的结局。

独立日式:这是一种经典的冲突式或战争式的碰撞。它来自美国科幻电影《独立日》(又名《天煞》)。像蝗虫一样的外星人从一个星球席卷另一个星球,目的便是灭绝那里的文明,掠夺当地的资源。这其实是威尔斯《星球大战》的翻版。

ET式:这是一种和平式或朋友式的接触。它来自美国电影《外星人》。片中的外星人极其丑陋,但是具有"心灵美"的素质。他与人类成为朋友,互相帮助。但是,在这里,外星人也并不是主动要与人类交流的,仅仅是因为落难而被人类中的个别优秀分子救助。

第三类接触式:来自著名电影《第三类接触》。影片中突出地描述了一种远比人类先进的文明。他们的目的是要与人类交流,建立一种关系,最后把人类中的优秀成员带入宇宙文明圈,参加"银河系俱乐部"。

拉玛式:来自英国科幻小说作家克拉克的《与拉玛相会》。这是一种更加先进的文明,他们对人类的存在完全漠然视之。人类以为拉玛飞船的目的是地球,便兴奋地试图与它接触,但是飞船却掠出太阳系,朝远方飞去。其含义是,与一个先进的文明相遇,人类根本无法接触。这种情况,就跟蚂蚁面对人类那样。

2001年式:也可称为上帝式,取自《2001:太空漫游》。外星人早在几百万年前便来到了地球,他们教会了猿人用火,使猿人进化为现代人,产生了人类文明。这些外星人已进化到极高程度,抛弃了身体,与宇宙融为一体,不生不死,有了上帝的特征。人类在他们的引导下,继续向更高层次进化。

乡村教师式:取自中国科幻作家刘慈欣的《乡村教师》。外星人并没有与人类接触的打算，他们仅仅是为了解决其内部问题（一场宇宙大战中，需要牺牲一批星球做战场隔离带），便差点把地球文明送进了坟墓。这是一种偶然性的接触。很可能，大量的文明便因此而毁灭。

电影《独立日》中，外星人的飞船即将毁灭地球城市，这是人类关于外星人的第一个联想

时间机器式：这是一种特殊的文明接触。文明可能在时间上发生碰撞。可能是人类文明与人类文明自己，也可能是人类文明与外星文明。时空隧道是关键。威尔斯的《时间机器》，还有电影《回到未来》，都描述了这种震撼的场面。它涉及对历史的更改。

平行宇宙式：文明可能分布在多维世界中，它们的接触通过虫洞跳跃来实现。

其实，地球自诞生以来，人类都独行其是，没有确切证据表明发生过星际文明碰撞。科学家认为，主要是距离妨碍了旅行。太空杳杳，至今还没有一种物体的速度能超过光速。一个文明要派遣使者，可能要经过几百万年才能到达地球。时间机器和虫洞则属于猜测的范畴了。

但我们还是倾向于假定，随着文明向高层次发展，接触总有一天会发生的。以上的种种情况，都有可能成为事实。那么，最可能遇到的结果是什么呢？

我们只能根据地球上的情况来反推。

地球上存在着许多文明，大的方面，可划分为西方文明与非西方文明。在这许许多多文明中，除了中华文明，没有一个幸存到了今天。战争和冲突是文明毁灭的最主要因素之一。过去500年里，西方文明渐渐发展为一种主导文明，最初也是通过战争手段，向全球扩张，引起了一系列碰撞。西方人总是蹂躏比他们落后的文明，哥伦布和阿拉瓦克人以及科特斯和阿兹台克人之间的故事，都给人类留下惨痛的记忆。

在这种碰撞的过程中，更多的文明消失灭绝了；没有死去的，其文明的特征也改变了。似乎，一种文明的进步必然是以牺牲另一种文明为代价。有些人认为，文明的冲突在21世纪仍将持续，并可能导致毁灭世界的大战。美国哈佛大学教授亨廷顿的《文明的冲突》便描绘了这么一幅可怖图景：西方文明与阿拉伯文明和中华文明的冲突，把地球带入了大灾难。

那么，与地外文明相遇，更可能是独立日式吗？

这里面有一个逻辑。科学家之所以认为宇宙中具有生命，并能产生智慧，很大程度上是因为他们相信宇宙中生命起源具有大致相同的过程。那么推演下去，生命在行为上是否也具有相同的特点呢？比如，为了独占异性和地域而产生的攻击本能。尽管大多数科学家对科幻影片中把外星人刻画为攻击性生物不以为然，但为了人类的生存，我们仍要不惮以最坏的想法推测外星人。文明碰撞的问题，实际上是地球上的生命如何适应更广泛的宇宙关系的问题。人类进化了几百万年，但在宇宙中尚属于低级的文明。目前，我们没有办法决定自己在碰撞中的命运。我们仅能寄望于一种可能性，那便是地外文明能够判别是非。

219

相对论是文明进步的产物。除了爱因斯坦的相对论,还有文明的相对论。比较人类学和历史学为相对主义的道德主张提供了坚实后盾。不同文化遵循不同的道德规范。因纽特人眼中最起码的礼貌,拿到沙特阿拉伯人那里则可能会使人身首异处。更多的人开始意识到,每个文明都有其合理性,有它的价值,应该加以尊重,不能随便干涉。这与佛教众生平等的观念十分相似。我们以此寄希望于外星人是相对主义者。因为先进的文明理应产生进步的文化道德观。有人指出,飞碟如果真是外星人的运载工具,外星人很可能便有这样的心理:他们监视地球,不加干预。这就像我们建立自然保护区所采取的态度一样。

文明彼此包容,共处共利,才是发展之道

但是,这种相对主义的另一层意思是,文明其实没有善恶之分。文明能适应自己的环境便是最好的。我们可以不干预异种文明进程,但自生自灭就一定是最好的结局吗?保护区内发生弱肉强食时,旁观者可以做的仅仅是无动于衷地进行研究吗?当独立日式的碰撞发生在地球上时,更先进的第三方文明是否可以眼睁睁地看着人类的毁灭?两个不能判断是非的文明互相湮灭,也因此具有了合理性。

文明在星际间的大量存在增加了变数,增加了危险。我们除了加快人类文明的进步外,没有别的办法去应对将来。可现在,人类把很大的精力放在了自相残杀上,这与来自外星的更大威胁比较起来,真的很有必要么?下一代人可能会更多地深思这样的问题。或许有一天,在中国也会出现外星文明学这样的课程,因为它其实是对我们自己的反思。

资料：德雷克方程式

射电天文学家弗兰克·德雷克提出的判断宇宙中文明数目的方程。它以恒星的形成率为计算的起点，综合考虑有行星系的恒星的占有比率、一颗恒星的行星系中生命可居行星的平均数目、可居行星中出现生命的行星的比率、有生命行星中出现智慧生命的比率、智慧物种中想跟其他文明联络的物种比率、一种文明的寿命等因素，得出方程式 $N = N\star \times fp \times ne \times fl \times fi \times fc \times fL$。其中：

N 为当前银河系中能够进行星际通讯文明的数量；

$N\star$ 为银河系中恒星的数量；

fp 为是有行星的恒星所占的比率；

ne 是在给定的体系中就生态学而言适合生命生存的行星的数量；

fl 是确有生命出现而又在生态学以外的其他方面又适宜生命生存的行星的比率；

fi 是产生生命的行星中进化出了智能生命的比率；

fc 是智能生命发展出通讯方法并试图和其他行星通讯的比率；

fL 是那些通讯的智慧文明占行星生命的比率。

（所有的 f 均为分数，取值在 $0 \sim 1$，它们使 N 递减。）

智慧生物应该是适应它所处环境的生物,形态可能和人类大相径庭

sim-world 计划

任何人都可以构想外星生物,在水木清华电子讨论板(www.smth.org)的科幻讨论区,一群理工科出身的科幻发烧友以现有科学理论为依据,构建了一个外星生物世界,这就是科幻迷们的sim-world计划。科幻画家金霖辉和喻京川将这世界中的情景以绘画方式生动地展现了出来。

圆筒世界

古文明遗址,巨大的人造天体。长度400千米,直径100千米,内空,8分钟转一周,内表面是海洋,有若干岛屿,岛上生活着一些渔民,他们是圆筒建造者的后代,但已经忘记以前的事,更没有以前发达的科技。他们终生生活在这里面,对宇宙一无所知,对世界的认识只是这个圆筒。圆筒中心有一根贯穿南北的发光体,模拟昼夜。

画家笔下的圆筒世界

洞窟星

地衣：生长在洞窟星地表，分布范围很广。裸露在大气中的表皮坚硬，具有一定规则形状，富含各种硅化合物。在土壤里有巨大的根瘤，具有储水、储能的功能。由于表皮的特殊结构，耗水很少。贴近地表的组织以碳基细胞为主，而暴露在大气和受阳光照射的表面组织以硅基细胞为主。表层细胞可以分泌晶体硅和非晶硅等硅化合物，这些成分及其表现出的形状与功能非常类似于太阳能电池板，并起保水和防护作用。植株内部具有一定生物电路结构，可以观察到类半导体、类单晶硅形态结构存在，其生命活动可能以电化学为基础。

有一些证据表明，硬壳地衣与某些动物组成一种奇特的共生系统。这些动物包括下列种类。

圆节虫：穿梭于地衣表皮和根瘤之间，起松土透气作用。

土竹吸：寄生于地衣根瘤部的动物，尾部探出地衣外，能勾住地表的漂浮物。

地胆：依靠地衣而存活，是地衣生命的另一缩小形式。

花萤虫：当夜晚来临，花萤虫将储藏的光能释放，成千上万的花萤虫将地衣照亮。

气囊蝙蝠：生活于洞窟星地下海洋附近、地热资源丰富的地区。气囊蝙蝠视力很差，主要依靠声呐系统了解周围的情况。身体表面密闭性很好，可以防水、不透气。属碳—硅基生物，体内有类似电驱鱼类的储能装置。显示其与电驱鱼类有某种联系。气囊蝙蝠身上有一个奇特的气囊，可以储存在地热资源地收集的高温水汽，供它飞向高海拔的地表。在气囊里没有水汽的时候，气囊是蝙蝠的翅膀，也可以保持滑翔翼的形状，因此，气囊蝙蝠可以在地下海洋上空飞行，从高海拔的地表安全降落到地下海洋。甚至，我们发现气囊蝙蝠可能会游泳。气囊蝙蝠的气囊同样可以储存水分。当它借助水汽飞行到高空（接近地表）的时候，部分水汽凝结成水，并储存在气囊底部。

223

气囊蝙蝠向高空飞行的目的,很可能是与在地表的硬壳地衣根瘤交换水分,同时给自己的生物电池充电。

刺鳍电驱鱼类:也是唯一快速游泳生活的电驱鱼。之所以刺鳍鱼类能够解决电驱鱼类续动力不足的缺陷,在于它们有刺鳍器这样的特殊器官。该器官位于鱼背部呼吸系统向体壁凸现而产生的盲道中。其内有特殊的Flubber氏细胞(以发现者Flubber氏命名),可以在鱼红素电子传递链的驱动下,将氧气转化为超氧合鱼红素,并在鱼体需要时重新转化为游离氧气供鱼体使用。由于这个进化,刺鳍鱼类不像其他的电驱鱼类需要储存游离氧气,导致身体硕大却很轻,因而可以发展为自由游泳的好手。

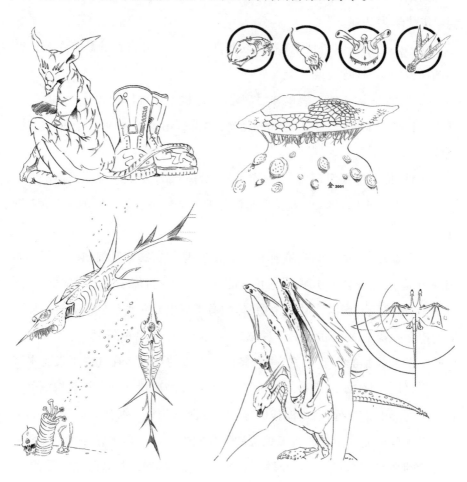

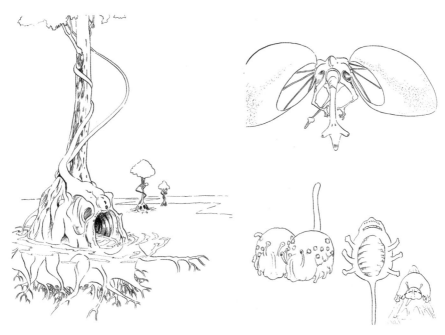

异星球的各种生物

水云星生物谱

嘉莱树：巨大的植物。水下是根部和漂浮的巨大横茎,横茎之间互相连接成网状,形成方圆数十千米的嘉莱树林。嘉莱树林是一个复杂的生态系统。

特亚：主要生活在嘉莱树林中,靠嘉莱树的果实和树林中的小动物为生。雄特亚求爱方式为倒立并竖直尾巴。特亚具有初级智慧,拥有自己的语言。特亚的腹部呈凹旋形,便于吸附在树干上,避免不慎掉落水中淹死。

德坎勒斯：生有两个翅膀,大部分时间在空中飞行。它具有两个大脑,任一时间都至少有一个大脑清醒。由于长期于空中飞行,它的身上和翅膀上满是灰尘。德坎勒斯因此又有空中"大抹布"的绰号。

（本节插图《圆筒世界》由喻京川绘制,其余为金霖辉绘制。）

启迪篇　幻想创未来

"千年隼"号飞船最后安全降落在一艘巨大的义军巡航舰上。天空远处闪烁着一片壮观的红色辉光,那是从一颗巨大的红星上面辐射出来的辉光。

乔治·卢卡斯《银河帝国的反击》

这段引文,来自每一个科幻爱好者都熟悉的系列电影小说《星球大战》之二的《银河帝国的反击》。说不清楚是太空科幻电影造就了太空迷,还是太空迷促进了科幻电影。不可否认的是,每一个21世纪的航天工作者都承认,他们所做的一切越来越像科幻小说中描写的那个样子了。科幻小说与科幻电影交相辉映,启迪着无数青少年对太空产生热爱之情。在那深邃的繁星闪烁的太空中,我们的探索可能会无所建树,但我们的子孙迟早有一天会抵达那群星涌动之地,新世界将在那里等待着他们。

14.太空电影:华丽的旅行

神秘而无边无垠的太空,永远是人类驰骋梦想的地方。无法亲身经历的人们,只好通过影视过一把太空旅行之瘾。而作为记录人类梦想的电影,从一诞生起,就和太空结下了不解之缘。近年来,科幻太空电影更是通过各种高科技手段,让我们尽情地享受了视觉和听觉的盛宴。下面,就让我们随着时间的发展,去科幻电影中作一番虚幻的太空旅行。

从好奇到探险

　　1902年,电影的始创者梅里爱拍摄了科幻片《月球旅行记》。这部影片可称为史诗性的科幻电影,放映长达21分钟,大大超过了其他影片,内容也令观众眼花缭乱。《月球旅行记》的情节借鉴了当时两位科幻大师的作品,即儒勒·凡尔纳于1865年发表的《从地球到月球》和乔治·威尔斯于1901年发表的《月球上的第一批人》。威尔斯幻想了外星人,凡尔纳设计了太空旅行的方法,梅里爱则在银幕上第一次展现了人类飞向太空的梦想。他还亲自扮演了影片的主人公巴比·福里斯教授。教授在一座大兵工厂里铸造出巨炮。接着,宇航员们坐进炮弹,随着轰然一响,炮弹升天而去,掠过太空,来到月球。探险家们走出炮弹,从月球上观察地球的外貌。不久,下起了雪暴,探险队躲进一座环形山,深入到月球的腹地。在一座长满巨型蘑菇的洞穴里,他们被好奇的土著抓住,押到国王面前。地球人设法逃了出来,并且发现追赶他们的土著一旦遭到打击,就会爆炸成一道道清烟。探险家们找回炮弹,返回地球,从天空跌落到大海里,被一艘船救起来,送回巴黎。在巴黎,探险家们受到凯旋英雄般的欢迎,市长亲自为一座纪念人类登月的铜像揭幕。

　　《月球旅行记》被誉为科幻电影上的一座里程碑,大受观众欢

电影《月球旅行记》

迎。通过电影屏幕看到太空的人们，不仅仅满足于太空旅行只是登月而已。他们希望看到更多关于头顶上那个神秘世界的电影。于是，人类在太空中旅行、打仗、遭遇怪物、邂逅爱情……既惊险又浪漫的太空题材科幻电影从此层出不穷，经久不衰。

继《月球旅行记》后，梅里爱于1904年又推出一部当时堪称最奇特、最富于想象力的太空影片《不可能的旅行》。在这部影片中，梅里爱再次饰演主角马波洛夫工程师。工程师设计出一辆由火车、汽车、飞船和潜艇组合而成的列车。在巴黎万民的欢送下，列车载着12位教授及其夫人出发了，旅行路线是从巴黎经阿尔卑斯山到达太阳。列车穿过白雪茫茫的瑞士，抵达阿尔卑斯山脉脚下的一座车站，然后改乘汽车，以500千米的时速冲上山峰，却坠下600多米高的悬崖，被向导救起。伤愈后，探险家们又乘列车，借助于系在车顶的飞船作用，掠过漫漫夜空，最后与太阳相撞，列车坠毁。太阳表面不断喷发火焰，使探险家酷热难忍，只好躲进冰盒里，结果被冻成冰凌。马波洛夫将冰融化，解救了他们。然后，他们从列车残骸中刨出完好无损的潜艇，借助潜艇的推进器，升空返回地球，却不幸坠入大海，潜入水底。不久，一根蒸汽管破裂，导致潜艇爆炸，幸而探险家们被航行在海上的船只搭救。最后，他们凯旋归来。这部影片一上映就引起轰动，观众强烈要求梅里爱再拍续集。于是，续拍的电影中出现了一座奇大无比的电磁场，以其强大的磁力将探险家们在太阳之旅期间失去的奇车异船统统吸回了巴黎。

1924年，苏联导演普洛塔萨洛夫根据阿·托尔斯泰的同名科幻小说拍摄了《阿爱里塔》。影片描述了一位莫斯科工程师劳斯制造了飞船来到火星，与美丽的火星女王阿爱里塔结下恋情的故事。

总的看来，20世纪50年代以前的科幻电影中，太空旅行无非是把地球上的旅行方式照搬了过去。外星世界大多荒蛮怪诞，犹如地球上未开化的地区。而故事的核心，则往往围绕着探险者的艳遇展开。这种太空旅行，不如说更像是大航海时代的一种延续。

经历了第二次世界大战后，人类走入了一个新的技术殿堂。原子能与空间飞行器的发展使人们有可能真正去实现太空旅行的梦想。因此，1950年的《登月》比半个世纪前的同类题材电影真实完善了许多。影片采用了现实主义手法，拍摄前邀请了天文学家、工程师、太空画家参与布景设计。还动用200人花了2个月的时间，建成一个月球地貌全景。航天知识则由德国火箭专家提供。这部电影描写载人火箭飞越太空，历尽艰险，终于抵达月球，充满了太空时代的英雄主义色彩。

在1951年的《地球停转之日》中，出现了彬彬有礼的外星人。这位外星绅士面对不好客的地球人依然保持克制，并以基督启示录般的态度告诫人类警惕他们的野心。外星人乘坐的飞船已经颇具现代科学技术的色彩。

《地球停转之日》中，出现了彬彬有礼的外星人

20世纪60年代，科幻电影迎来了一个繁盛时期，出现了《人猿星球》（1968）和《2001：太空漫游》（1968）这样的经典之作。

《人猿星球》中，旅行到人猿世界中的人最后发现自己其实是在地球上。电影的化妆术显出了神奇效果，结尾处的镜头更具冲击力：大海、沙滩、呆呆伫立的人，倒塌的自由女神像……看到这里，几乎每个人都会思考，文明发展的意义何在？这部电影的价值在于，它前所未有地在科幻电影中融入了反思意识。通过现在与未来、外星与地球、人与猿之间一分为二，二合为一的对比,在强烈的反差之中营造一种讽刺效果。同时,影片的时空观念也影响了后来的很多科幻电影。

电影《2001:太空漫游》,太空电影的经典作品

写实与浪漫兼具

《2001:太空漫游》更是一部超越时代的经典科幻电影,它已经成为太空类型科幻电影毫无疑问的代表。在一些影评中,它得以和《战舰波将金号》等名片一起列入20世纪百年电影史上的经典电影行列。这部气势磅礴的作品更可以算做史诗中的史诗,它从人类的开始、发展一直写到终结与新生。从来不曾有一部科幻电影具有这样大的气魄和视野。影片从猿人领悟工具的作用,到计算机对人的反叛,始终关注着人与技术的关系。然而那如同"自在之物"的黑色方碑又时时闪现出来,凌驾于二者之上,引领人类摆脱动物性,与宇宙融为一体。影片运用大量长镜头和空镜头,营造出空寂、玄想、深邃的氛围。画面干净简洁,构图讲究,虚实光影运用得极为出色,充满着超现实的、梦幻般的美感。更为难得的是,除了思想上的深度,影片在

科技构想和道具设计上也同样完美，可视电话、飞船中的失重环境、穿越虫洞的太空旅行、人工智能计算机……即使放到现在，影片仍然显得可信而且富于前瞻性。可以说，从这部影片开始，科幻电影中的太空旅行题材走入了成熟期。科幻电影也成为青少年了解太空的启蒙教师。

20世纪70年代开始，依靠电脑技术，科幻电影在视觉上越来越逼真。外星球的场景与奇特飞船，已不是简单材料堆积出的道具。电影几乎使我们相信，如果真的进行太空旅行，如果真的来到外星，如果真的碰上外星人，那就该像影片里所描绘的那样。虽然这只是一种可笑的幻觉，但科幻电影大大激发了人类向宇宙前进、探索未知的热情。

1976年《星球大战》就是一个典型。它的出现改变了后来科幻电影的景观，极大地刺激了人们的视觉和想象力。虽然影片中的飞船并不科学，居然在真空的星际间飞行还能发出呜呜的声响。但不能不承认，炫人耳目的特技制作使电影很容易地再现了我们孩提时代的梦幻：驾驶着庞大的星际战舰，在繁星若尘的背景下让高能武器发射出红色的火焰；或者在危险的小行星带穿行，逃避敌人的追捕；或者在奇妙的超空间飞行……《星球大战》系列影片通俗化地将这些梦想变成了生动的影像。很多航天专家正是在《星球大战》的影响下，从小立下雄心壮志投身太空事业的。

电影《星球大战》中的战斗场面

1995年的《阿波罗13号》则不同于建立在想象基础上的科幻电影。它取材于真实事件，整部影片充满了与命运抗争的勇敢、信念、理性、执着的科学精神。人类宇航史上的挫折，总会给人一种悲壮。《阿波罗13号》大概是最能真实反映人类太空旅行现状，以及航天人心情的电影了。

1997年的《超时空接触》也是一部给人以相当"真切"感受的科幻片。原作者卡尔·萨根是一位非常有名的科学家，也热衷于科普和科幻。有这位大科学家坐镇，电影显得十分真实可信，避免了一般科幻电影在技术细节上的孱弱不实。影片中对星际飞船的描写与我们一般所知相当不同，对外星世界和外星人的描绘更出人意料。导演赞米基斯本来就是个技术崇拜者，从中更发掘出一种技术的美感。片中当女科学家听着一排排巨大的射电望远镜传来的太空旋律而激动不已时，机械的频率变成了世界上最美的乐章！

电影《超时空接触》中，人类按照外星人的说明书修了一座航天装置

同年，另一部太空电影《戛塔卡》问世。导演是新西兰籍的安德鲁·尼科。影片主人公最大的梦想就是飞向太空，他不顾基因的缺陷，通过长期的努力，终于实现梦想。一句宣传词"there is no gene for the human spirit"（人的精神是没有基因的）揭示了影片的主题所在。人不是被科技所选择的生

物,精神的力量永远是创造奇迹的源泉。虽然我们现在不再会为火箭发射倒计时而激动,但当主人公久久注视着飞向高天的飞船时,你仍能感到,那是一个庄严的时刻,能使你的心灵提升到星星的高度。

进入21世纪以后,描写太空探险的影片格外多。《火星任务》《红色火星》令人们重拾对火星的热切关注。由于有专家的咨询帮助,这两部影片都拍得相当真实。尤其是《火星任务》,从飞船的外观到内景,从着陆方式到火星探测车,都完全按美国国家航空航天局未来的火星计划设计!影片里种种在太空飞行中可能遇到的危险、意外,展示了太空旅行不仅仅是一种人类生存发展的需要,其间体现的人类精神信念,才是我们无尽的宝藏。就像《太空牛仔》中,四位年过半百的老"牛仔"一样,怀着对太空、对飞行的无限向往,怀着把生命的价值发挥、升华的愿望,勇敢探索、不懈追求。这不正是世界上所有航天人共有的宝贵情怀么?

《超时空接触》里,外星人则以女科学家父亲的形象出现。高度发达的外星文明与尚还幼稚的人类文明之间的关系,就像父与子,前者似乎是后者的最好象征。而有时,它们也会成为人类命运的一种见证,如《人工智能》中所描述的。

在电影《火星任务》中,宇航员们走出飞船执行任务

233

不一样的太空

《地心引力》是《阿凡达》之后的又一部现象级科幻电影。电影只有两位演员出演，太空可以称为影片的第三个角色：它宏大无比，壮阔无边，沉默无语，冷酷无序，令人恐惧。百年电影史上，太空始终是以这样的角色出现的么？

从20世纪初直到二战之后的五六十年代，人类科学已经日渐昌明，但科幻电影中的太空仍然更像一个充满魔法的奇幻世界。外星人往往奇形怪状、恐怖吓人——例如1953年版《地球争霸战》中躲在章鱼形机械里的软体外星怪物、《我的老公是异形》中类似后来铁血战士的外星异形、《天外魔花》中从虫茧里出来取代人类的外星人、《魔童村》中的怪眼外星孩童等等。即使到了20世纪六七十年代，科幻电影中的太空也还是一个想象构造出来的世界，因此我们才会在《星球大战》中看到飞船在近乎真空的太空发出呜呜的声音飞过；而《鲁滨孙太空历险记》中的火星无论重力、地貌都和地球没多大差别……像《异形》这种科幻恐怖片所描述的太空，虽然在科学设想上没有大的问题，但也营造了太空是恐惧之所在的气氛。只有《2001太空漫游》和《星际迷航》系列等少数电影带着宏伟的气象，展现了人类勇于探索太空的精神。

直到现在，有些娱乐性较强的科幻或者奇幻电影中，太空仍然是以一种夸张的想象展现出来的，比如说《异星战场》或者《雷神2》。"太空"在这里不过是异世界的代指而已。

还有一类电影中的太空则是相当写实的。这首先得益于现代文明的发展和各国太空研究的深入，同时也和七八十年代美国文化风尚的转向不无关系。从《2001太空漫游》到《第三类接触》，再到八九十年代，这股崇尚写实性描绘太空场景的电影一时间多了起来：《太空先锋》《阿波罗13号》

《超时空接触》以及2000年的《火星任务》《太空牛仔》等等——甚至还可以加上《十月的天空》这样基本没有出现太空画面的"太空电影"。这些电影往往在细节上较为真实可信，突出宇宙太空的宏伟、莫测，以及人类探索未知世界的勇气和信念。

随着冷战结束，世界走向地球村，美国电影中涉及太空、外星人的科幻片表现出了一种有些莫名其妙的革命乐观主义，其具体表现是：英雄主义的主题；充满正能量的直线情节；幽默的台词与桥段；对美国强大的自信心；流行元素的混搭等等。像《独立日》《火星人玩转地球》《第五元素》《迷失太空》《世界末日》等科幻大片无不呈现出"假如那外星人来了，迎接它的有猎枪"的大无畏气概，哪怕地球被外星入侵舰队炸得稀烂，人们仍然对战胜外星敌人充满信心。人定胜天的情绪充斥在这些电影当中。其中《超时空接触》堪称人类探索宇宙的宣言书，片中那句来自卡尔·萨根的名言"如果宇宙中只有人类一种生命存在，那将是对空间的极大浪费。"最能代表人类探索征服太空的决心了。

到了最近十年，也就是所谓的"后911时代"，太空的面目在电影中日渐模糊纷乱，它有时是冷酷危险的背景，例如讲述浩劫余生的人类在太空中繁衍生息的《深空失忆》；有时是拷问人类命运以及政治、宗教形式的舞台，例如整个故事都发生在太空中的美剧《太空堡垒卡拉狄加》；有时是表现另类人群生存状态的奇妙世界，如美剧《萤火虫》及电影《冲出宁静号》；有时是再现地球殖民史和放大原始生物幻想的镜像，如《阿凡达》……

《地心引力》在拍摄技术上极为先进甚至前卫，但骨子里却有着对太空深深的恐惧。卡隆对未来以及高科技的警惕在其上一部电影《人类之子》中就有明显地体现。尽管《地心引力》开场近20分钟的长镜头极其壮观，但影片中却没有了《超时空接触》的那种宏大叙事野心。整个电影的矛盾落脚点是女主角失子之痛的心结——也许在这个世界经济不景气的时代，宇宙太空已经显得不那么诱人。人们意识到太空是如此巨大、空虚，难以把握，精力、勇气、金钱，都难以铺就一条通天大路。

235

从对太空的态度而言,《地心引力》让观众更多望向他们脚下的土地而非头顶的星空。但有人早说过了,总会有人仰望星空,哪怕只为了片刻的美丽和震撼。电影中的太空总会随着时代改变形态,那其实是人们心态的变化,但我更相信康德的名言:"世界上只有两样东西值得我们深深景仰,一个是我们头上的灿烂星空,另一个是我们内心的崇高道德法则。"

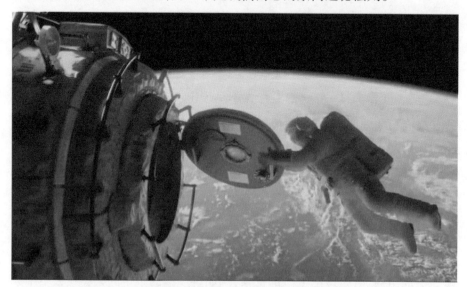

电影《地心引力》中,主人公九死一生

资料:电影中的外星人形象

外星人代表了一种他者形象。作为独立于人类世界的一种生命形式存在,它们的身上承载了人类的种种欲望、梦想与梦魇。

最初,外星人常常被描绘成怪异、邪恶、智力低下而且奇形怪状的巨大生物。它们挥舞着触手,用死光枪扫射人们(《火星人入侵地球》,1953)。飞碟状的外星飞船、章鱼似的外星怪物、死光武器等等,都是当时科幻电影中的新奇元素(后来它们被到处滥用,变成了陈规俗套)。人类战胜外星人时所表现出的勇气、团结和智慧是电影弘扬的主题。由于第二次世界大战带来的阴影,这个时期的科幻电影中,总会出现丑陋的外星人进攻地球的场景。时代的不安定感被变形后反映在了外星入侵者和太空旅行中碰到的敌对怪物身上。

怪异、邪恶、智力低下而且奇形怪状的外星人总算有机会改变形象了。20世纪70年代斯皮尔伯格的《第三类接触》里，外星人显得温和友善，以至于让被妻子抛弃的洛伊宁愿随它们而去。《E.T.》中小外星人丑陋又可爱，怪趣又天真，映衬出地球上成人世界的冷酷无情。当飞碟五彩斑斓的光芒照亮了我们的心灵时，我们发现，我们并不孤独。与外星人交流，竟然是那样一件激动人心、令人期待向往的事。《外星种族》则更把一位外星人塑造成了忠诚、老实、富有正义感的警官形象。这些影片将外星人还原为了"人"。

还有一类外星人，它们的文明远远超越了人类。《深渊》中空灵缥缈的形象，很难不让人联想到圣者或神灵。它们偶尔神龙一现，启示、引导人们走向未来。

电影《E.T.》中的外星人，和善友好

电影《火星人玩转地球》中的火星人，丑陋而凶残

资料：电影中外星人的生命形态

早期科幻电影中的外星人其实就是人类的变形，暗喻着那些少数民族、东方人、非洲原住民等等。当然，那是在一种西方式的想象下，带有神秘色彩、潜在危险和奇特宗教的民族。比如1964年英国拍摄的《月球上第一批人类》，还有那些写到了火星的早期科幻电影。

接着，外星人又向着多种地球生物杂交的路子发展。例如像恐龙、鳄鱼、蛇、蜥蜴、章鱼或者它们的混合体，表面上是嗜人猛兽，实际象征着人类内心的恐惧。它们会在黑暗中半隐半现，窥伺你，吞噬你，你永远也看不清它们的形象（最典型的例子当属《异形》了）。再后来，以《黑衣人》为代表的科幻电影中，外星人更是逆生物进化潮流而动，成为像阿米巴虫一样软软的黏黏的原生物，要不就是长着一对触角加上很多对赘足的昆虫。不要小看这些乱七八糟的外星虫子，它们往往有寄生性，能控制你的思想！《第五元素》中描写的蒙智沙瓦人有些特别，它们似乎并不是碳基生物，看起来更像金属的机器人，行动迟缓。

电影《黑衣人》中的外星人，伪装成人类生存

电影《第五元素》中的外星人，形态更近似于动物

　　高级一些的外星人就是无形有质了，它们没有肉体，只是一种精神存在，必要时可以变化成任何形状。《深渊》里面那能模仿人脸表情的水柱实际就是这类"生命体"。

总体上说，科幻电影中的外星生命形象并不够奇特丰富。著名科幻小说家（也是著名的科普作家）阿西莫夫曾在 1962 年写的一篇文章中设想了外星生命可能的几种形态：

（1）以氟化硅酮为介质的氟化硅酮生物。

（2）以硫为介质的氟化碳生物。

（3）以水为介质的核酸／蛋白质（以氧为基础的）生物。

（4）以氨为介质的核酸／蛋白质（以氮为基础的）生物。

（5）以甲烷为介质的类脂化合物生物。

（6）以氢为介质的类脂化合物生物。

在将来，科幻电影会不会参照科学的设想，创造出更奇妙的外星生命形象呢？

电影《深渊》中的没有具体形态的外星人

15. 人工智能: 相随到天涯

机组的第六名成员对这一切毫不动心, 因为它不是人。它是一台高级的哈尔9000型计算机, 也是全飞船的大脑和神经系统。哈尔（HAL, 指的是 "启发程序循环步骤计算机"）是标志计算机第三次突破的杰作。似乎每隔20年,就发生一次突破;想到另一次突破即将到来,已经使不少人心存疑惧。 为了这次任务,哈尔和它的人类伙伴受到了同样全面的训练,而它的吸收能力要比它的伙伴大许多倍,因为除了它内在的敏捷外,它还不需要睡眠。它的主要任务是监视维持生命的系统,不断地检查氧气、压力、气温、船身的漏损、辐射以及其他一切相互作用的因素,这些都是维持人这种种娇嫩货品活命所必需的。在需要改变航向时,它可以执行复杂的导航校正,指挥必要的飞行活动。它还可以照顾着进入冬眠的人,对它们所处的环境进行必要的调整,向它们的静脉注射足以维持生命的微量液体。

阿瑟·克拉克《2001:太空漫游》

哈尔是不是真的能够思考,这个问题早在20世纪40年代就由英国数学家阿兰·图林解决了。图林曾经指出:如果人们可以与一台机器进行持续的谈话,不管是使用打字机还是扩音器,这并不重要。如果它的对答竟与人的对答难以区别,那么这台机器就能思考,除非人们对思考这个词给予不可思议的含义。哈尔可以很容易地通过图林的考试。

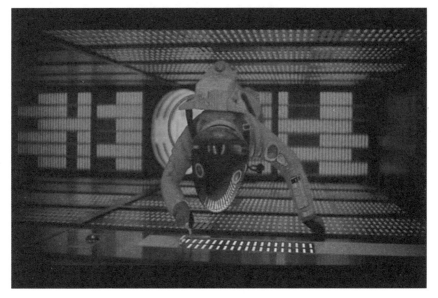

电影中的哈尔,是一台危险的计算机

甚至有一天还可能由哈尔来接替指挥这飞船。在非常的情况下，如果没有人对它的信号做出反应，它就会试图通过电子和化学刺激唤醒睡眠中的机组人员；如果它们也没有反应，它就会直接通过无线电通信向地球请示。如果地球不回答，它就会采取它所认为必要的措施来保障飞船的安全和继续执行任务。其真实目的只有它才知道，它的那些人类伙伴却是永远猜不着的。"

哈尔给所有的喜欢计算机的人提出了一个问题：我们将怎么和这些越来越有智慧的机器相处？

在我们的太空冒险中，计算机将承担重要的工作。实际上，正是由于计算机的发展，才使得太空旅行变成可能。不过，对太空旅行的迫切需要又反过来刺激了计算机的发展。在那些穿越未知星空的无人探测器上，计算机就显得更为重要。赋予计算机越来越多的智能，使之终有一天能够像人一样地判断解决复杂问题，无疑是宇航专家们所盼望的。那样的话，我们派机器进入金星浓密的硫酸云，或者到冰冻的冥王星上，都与自己亲往一般。的确，当编程技术发展到极致，机器将能自动完成我们要它做的，只要我们以自然语言告诉它想要做什么。这样的计算机正如科幻作品中所描述的机器人。但它未必需要具有类人的外形，实际上我们宁愿给它一个新的称呼：人工智能（AI），并将"它"改称为"他"。

《2001：太空漫游》中的哈尔是一个人工智能的典型代表。他提醒我们，如果只是简单地将具备人工智能的机器人视为工具，并按照人的物化思维设计他的功用细节，那人工智能就永无自然进化的那一天。

智能大战

当年卡斯帕罗夫与"深蓝"和"更深的蓝"的人机国际象棋大战曾经引起了全世界的关注。有些人甚至称"更深的蓝"的胜利是人工智能的一次重大突破。

2016年在公认更难的围棋领域，人工智能程序"阿尔法狗"取得了更为惊人的成绩，在新的人机大战中以4∶1的巨大优势战胜了韩国顶级棋手世界冠军李世石。

李世石与"阿尔法狗"的比赛现场

一时间对于人工智能全面超越人类甚至会压倒人类进而统治世界的惊呼甚嚣尘上。

不过如果我们要仔细考虑关于人工智能的问题，就会发现事实并非如此简单。这些说法其实有很大的错误理解成分，甚至会产生误导作用。

长期以来，对智能的理解是很有争议的。首先我们要明确，人工智能的主要目标是模拟人的智能（不同于人类的智能现在还没有发现，也无法想象，尽管不能说它一定不存在），其主要工具是计算机。我们提到的"智能"都属于这个范畴。对于研究中发现的动物的某种智能，我们认为并未超出人类智能的范围，可以说是人类智能的特殊子集和表现形态。

在某些方面，计算机对人类有绝对的优势，比如计算、记忆。要说"更深的蓝"的胜利,应该说实际上是这些优势的集中体现。计算机的记忆比人精确,计算的速度更快,又不受情绪、体力的影响。到了"阿尔法狗",这方面的优势更加明显,一方面随着计算机技术的迅猛发展,机器的计算和存储能力更强,另一方面,"阿尔法狗"采用了近些年取得重大突破的深度学习算法,它可以通过自我不断的对局持续提高自己的棋力(短短几年内对弈了数以万计的对局,这是任何一个人类棋手所无法匹敌的)。

可见对于可以转化为计算的问题,计算机比人厉害。但这些并不是人类智慧的完全体现。

请大家注意,"更深的蓝"背后,站着数位实力强劲的国际象棋特级大师,他们对卡斯帕罗夫的棋路研究颇深,对调整"更深的蓝"的一些影响棋着的参数起着关键性的作用。

如果没有他们的帮助,"更深的蓝"恐怕也未必能够获胜。而"阿尔法狗"也对人类棋手对弈的棋谱进行过学习。我们需要注意到一个容易被忽视的环节,对于这些人工智能程序,所有关于它们从事的棋类活动的知识,都是人类"灌输"给它们的,如果从更专业的角度来说,是通过某种程序语言把必要的基本元素(比如棋盘的形态、棋子的作用、行棋的规则)内置在它们的控制程序中的。从某个意义上看,它们只知道最终要达到一个"最满意"的目标,却并不理解它们实际在做的事情到底是什么。

在对世界的认知和理解上,计算机是完全依赖于人的知识的,即人类对"认知"和"理解"的认识程度。另外,人的创造性是计算机根本无法模拟的。

同时,人的实际生活中,有很多活动是不能转化为计算性问题的。

对于人工智能,历来有两大派不同的理解:一派认为他就是要实现和人一样机理的智能,是从内到外的模仿;另一派则认为只要模拟智能的外在表现功能就可以,即智能是个黑匣子。

孰对孰错,抑或殊途同归,这只能留给时间去验证。

后一派的观点比较实用化,也取得了丰硕的成果,但所有取得的成果其实都仍和人的智能相去甚远。这条路能走多远,能否把我们带向真正的智能,谁也不敢断言。

但失败的可能性也是非常大的。毕竟目前,唯有人类的大脑经过百万年的演化产生了智能,这是我们所知的唯一有效的结构。有什么充分的理由说我们可以不理会这些而另创造一种结构,且这种体系可以达到甚至超过人类智能的表现呢?没有。因此对智能机理的研究应该是最终解决问题的关键。也许从某种意义上说,机理研究是头,模拟实现是身体:头复杂,但没有身体走不了;身体能走,但没有头的指挥肯定走不远,更可能走错方向。

人的大脑与现在的计算机在结构和机理上到底有多大的不同呢?首先,组成和结构有很大差异,这点毋庸多言。其次,运行机理的区别,应该说这才是现有计算机接近人的智能的最大鸿沟。现代计算机的运行以算法为基础(计算机程序是算法的载体),即它处理事务必须按照一定的程式进行,而这其中的每个步骤都是确定的,也就是说计算机程序的部件输入数据相同输出结果就相同,并且内部规则要无矛盾。人的思维则不同。它具有模糊性和多义性甚至矛盾性的特点。同时,人的思维活动还会有跳跃性和发散性。这些特点如果出现在一个计算机程序里将是灾难性的,因为如此将可能导致计算机程序的运行错误或陷入死循环而无法自拔。另外相当多的思维活动甚至无法表述成一个或多个确定的过程,自然也就不能转化为计算机能够接受和执行的算法。

这一点从目前人工智能技术的比较成功的应用领域就可以看出来,如工业机器人,模式识别领域(字符识别、语音识别),这些都是有一定规范模式的过程。

而在自然语言处理领域,进展则缓慢得多。直到深度学习方法卷土重来给人们带来新的希望之前,我们所使用的自动翻译软件翻译出来的东西仍然经常显得很滑稽和难于理解。

深度学习是在人工神经元网络的基础上进行的。人工神经元网络则是人们对人类的大脑结构和神经活动模型的一种抽象和模拟,当然它和真实的大脑还有很大区别。

245

深度学习是建立在现有高性能计算机和大容量数据存储的基础上的一类机器自动学习机制。机器学习试图解决机器自主和自动获得知识的难题——如果机器具备这种能力，那么它们对于人类获取知识能力的依赖性就能降低，甚至有可能发现人类尚未掌握的知识。机器学习最基本的思想是给予机器足够大量的数据，让它们以某种有效的方式

自动从中提取出某些结构化的模式。虽然机器学习的概念早已提出，但早年的计算机技术并不足以支持机器学习对大规模计算和海量训练数据的需求，只能通过削减学习的数据和模型参数的方法取得有限的成果。所以直到新世纪，深度学习才得以拔地而起，迅猛发展起来。近些年来，深度学习在计算机视觉、语音识别、自然语言处理等领域取得了一大批令人欣喜的应用成果，包括前文提到的围棋程序"阿尔法狗"。

不过这是否真的意味着机器已经具备了超越人类智慧的基础呢？也不尽然。当"阿尔法狗"在与李世石的五番棋大战中取得3：0的绝对领先优势的情况下，大家都以为"阿发狗"是不可战胜的了，结果第四盘对弈中，李世石拼死一搏，居然导致"阿尔法狗"出现重大错误，连续下出完全不符合棋理的废招，最终失利，让李世石挽回一丝颜面，没有被剃光头。在大家为李世石的顽强感叹，为人类并未彻底丧失信心松了一口气时，也有戏言："阿尔法狗"居然学会让棋了，这更可怕！不过根据技术人员事后的分析，"阿尔法狗"当时确实出现了程序错误，也就是我们俗称的"bug"，可能某些数据导致计算溢出，从而产生了错误结果。"阿尔法狗"所具备的知识，尽管它从人类棋谱以及自己对弈的数据中学习到了19×19棋盘内的大量模式（甚至它的某些行棋过程已经超过了人类棋手的思考范畴，从而引发了一阵向"阿尔法狗"的学习热潮），但它对于人类的社会行为和心理行为是一无所知的，甚至连它和人类棋手对弈时，都需要人类助手来帮助它传输棋谱，"让棋"一说只是笑谈罢了。

这个例子可以用来帮助大家感受一个关键点：尽管机器在某些领域存在超越人类的可能性，但是机器目前还没有摆脱人类控制的基础和能

力——即便它的学习能力可能超过人类，它也无法超越人类对其知识范畴的"禁锢"。我们大可不必杞人忧天，担心人工智能会对人类的地位造成威胁。

目前，人工智能的研究与应用，是对人类有益的帮手，是提高人类生产活动和改善人类生活质量的重要工具，而不是人类潜在的敌人。未来是否会出现真正能和人类"匹敌"的人工智能，让我们拭目以待吧！也许，未来的全新体系结构的计算机，才是引领我们进入真正的人工智能大门的钥匙。

人工智能加入的无人驾驶汽车

无人飞机加入物流业的想象场景，很快就会实现

247

一台自动战斗机器

人形机器人阿特拉斯，它的学习能力与日俱增

Topio是一款双足仿人机器人，它的任务是打乒乓球

大狗机器人,负重和攀登能力不错

启迪篇　幻想创未来

资料芯片植入人体

研究者将如图所示的体积只有米粒大小的超微型芯片植入实验者的背部。植入后，芯片可以被手持扫描仪读出。扫描仪器发出的电波通过激活处于休眠状态的芯片，使其传输回含有芯片携带者身份的数据信号。而人们只需在中央计算机中输入这一数据，就可以随时调阅有关芯片携带者的相关信息。这种超微型芯片目前能做的是辨别身份，其保存的医疗信息，可以用来寻找走失的老年痴呆症病人或是小孩，对监控病情也有益处。

可以想象，将来芯片广泛植入人体，并通过微技术像细胞般被吸收而成为人们身体的一部分。它们使人类神经系统与全球数字化网络接通。那时的人将成为一个由标准部件构造而成、可以重新予以设置的电子人，具备无限地扩展可能。随着数字化网络的节点密度、带宽和地理覆盖范围的增加，以及不同种类的电子器官连接进来，以上的原则会得到推广。人类成为变形金刚一样的电子人，可以随时随地改头换面。根据需要的不同，在资源允许的范围之内租用延伸在外的神经纤维和器官，并重新调配人类的空间延伸部分，从而变成科幻小说中名副其实的"电子人"。研究者因此形容，人类只不过是猿猴 2.0 版，电子人才是猿猴的3.0 升级版。

微型芯片

智能的未来

人类智能与人工智能，一个是自然界创造的最奇妙的物种，一个是人类创造的最奇妙的机能。二者是相互扶植，还是相互竞争？人工智能能否像蜂群理论说的那样，在达到一定数量的时候产生突变，从而摆脱人类的束缚？抑或它只是一种仿制品，一种自动工具？就人类智能与人工智能未来孰优孰劣展开辩论，不仅仅关系着我们的宇航事业能否一帆风顺，更关系着整个人类种族的兴盛。

正方：超智力淘汰人类

生物世界中存在着太多太多的奥秘，每一个善于观察的人都会为此惊诧不已，甚至会对此顶礼膜拜。比如一粒种子会长成一棵大树，一粒受精卵会发育成一头雄狮。它们的身体结构如果用工程语言精确描述出来，一定是一部长得不可思议的天书。如此天书怎么可能容纳于小小的DNA结构中？

海螺身体上的螺线，三叶草叶子的形状，向日葵籽盘中籽实的盘绕轨迹，都精确地符合某一数学曲线。DNA中也使用数学语言吗？这些数学语言在DNA中是如何具体表达的？

小鸡生下来会跑，小袋鼠生下来会抓住母亲的体毛向上爬到育儿袋中。蝴蝶的繁殖经过卵、蛹、幼虫和蝴蝶四个阶段，所以上代蝴蝶和下代蝴蝶是永远无法见面的，但它们却能精确重复上代的行为，甚至能记住数千千米的迁徙路线。上述这些行为指令在DNA中是如何构成的？是如何传递的？物化的DNA序列怎么转化成动物的行动程序？

这些问题太深奥了，尤其是对于我们的先人来说更是如此。这些深奥的问题超出了那时人类的理解能力，所以人们只好用一个"黑箱"把这些问题罩起来，笼统地命名为：本能、上帝的魔术、自然之造化、灵魂、生命力……

随着科学发展，这个黑箱子一点点揭开了。上帝的神力全都可以还原成精巧的技术。无论这技术如何精巧与神秘，终究可以为人类逐步掌握。也许拿电脑作类比最为恰当。电脑技术发展到今天已近乎魔术。如果把一台电脑送到伽利略和牛顿面前，这两位科学家一定会瞠目结舌，甚至把它看成是上帝的神力。但电脑的智能是逐步发展起来的，其原理非常简单。电脑实际是个很笨的家伙，它只会0和1的加法，其他如减法、乘法、除法和更为复杂的运算都得先化为加法再进行。但0和1的组合就变成了令人眼花

251

缭乱的魔术。

哺乳动物的乳房是生物进化中的一大进步。它使婴儿能方便地食用营养丰富的乳汁，使生物的繁衍之树更为茂盛。但这类动物为什么会突然长出乳房？是否是造物主的意志？其实，结构精巧的乳房也是从低级而高级逐步发展起来的。澳大利亚有一种最原始的哺乳动物针鼹，能从皮肤的凹处分泌出乳汁，供婴儿去舔食。相信这种功能是偶然产生的。不过，在小针鼹无数代的舔食中，最终使凹坑发展成了乳房。

所以，让我们重复刚才那句话吧：所有充分发展的技术都会变成魔术，而所有上帝的魔术都能还原成精巧的技术。从技术向魔术的发展是循序渐进的，但量变最终导致质变，导致生物进化的三次飞跃。

第一次飞跃是从无生命物质向有生命物质的飞跃。普通的无生命的原子（磷、碳、氧、氢等）经过复杂的自组织，变成了DNA，具备了自我繁衍的能力，于是，生物在地球上诞生了。其实，物质的自组织过程从宇宙诞生时就开始了。大爆炸的粒子中"繁衍"出氢、氦原子，水分子会"繁衍"出无数一模一样的雪花，氯化钠会"繁衍"出规则的晶体……所以，DNA原子团的自我复制并不是自然界的孤例。但只有当原子团复杂到某种程度，繁殖出能进行新陈代谢、能对外界环境做出反应的后代时，才产生了生命的飞跃。

第二次飞跃是智力的产生。智力不是凭空出现，更不是人类独有的。什么是智力？不妨把它定义为这样的能力，即生物针对外界环境的变化做出非本能反应的能力。很难说究竟什么时候产生了真正的智力，但至少当黑猩猩能制造工具、海豚能学习单词并能组句时，我们就承认它具有智力。人类则是智力发展登峰造极的生物。

第三次飞跃是由"自在之物"向"具有我识"的飞跃。"我识"并非人类独有，黑猩猩和海豚都能从镜子中辨认出自己。如果在黑猩猩的额头上点一个红点，它会努力擦去这"不属于自己"的异物。不过，它们的我识比较初级。人类是自然中唯一具有我识的生物。

三次飞跃造就了今天的世界，造就了诸如智力、情感、直觉、创造力、信仰……这类东西。不过请记住，这些精神层面的东西都建立于某种物质缔合模式之上。足够复杂的缔合模式必然会产生另一层面的东西。这就是"整体论"的观点。

建造蜂房的蜜蜂与搬运树叶的蚂蚁都具有整体性的智慧

　　什么是整体论？举例来说，几十只灯泡组成了IBM的广告，也就赋予它高出灯泡层面的意义。只要它的缔合模式不变，那么，把红灯变成绿灯，把绿灯变成石子，把石子变成孔洞，它所表示的IBM的意义都不会变。每种DNA对应一种特定的生物，这种特定的含义也是依赖于原子的缔合模式，与DNA中的原子无关。在新陈代谢中，DNA的原子会不断更换，但它的含义不会变。整体论者常把目光盯在黏细菌、蜜蜂、白蚁这类群居性生物上。

黏细菌是种单细胞生物，周围食物丰富时，它们相互独立，互不来往；食物匮乏时，它们会释放出一种化学信号，并逐渐靠拢拼合成菌团，分出"头部"和"身体"，然后"它"会缓缓爬行着去寻找食物，还会改变生殖方式。蜜蜂个体的神经系统非常简单，可以说不具备什么智力。但只要它的种群达到一定数量，一种整体智力就会自动产生，它们会建造结构精巧的蜂巢，会遵循复杂的社会规则。在上述两个例子中，智力都产生了飞跃。

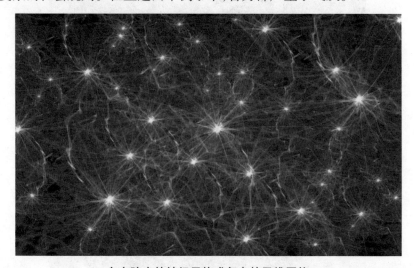

人大脑中的神经元构成复杂的思维网络

人的大脑有140亿个神经元，单个神经元的构造非常简单，只能根据外来的刺激产生一个神经脉冲。但140亿个神经元缔合成非常复杂的立体网络后就产生了智慧，产生了我识。如果我们问，哪几根神经元产生了爱因斯坦的天才？哪几根神经元中藏着他的"我识"？恐怕无法回答。只能这样说：足够复杂的神经元的缔合产生了更高层面的东西。

此时再来思考我们的问题：电脑能赶上人脑吗？

既然智力来源于复杂的物质缔合，既然智力与缔合模式有关而与缔合组元本身的性质无关，那为什么电脑不能赶上人脑？

当然能！毫无疑问！

到今天还有人不愿承认这一点。他们承认电脑在逻辑运算上已赶上和超过人类,但他们坚决地说:电脑永远不可能具有人类的创造性,不可能有直觉和灵感,更不可能有我识。这些人是人类尊严的热血卫士,他们要全力守住"人类优越性"的最后阵地。

那么,我们不妨问问这些人:"创造性""直觉""灵感""我识"究竟来自何处?它们独立于物质大脑吗?它们是上帝造出的神秘之物吗?是上帝赐予人类的专用品吗?当然不是。它们只能是普通神经元经过缔合所产生的高层面的东西,它们只和缔合的模式及复杂程度有关,并不在乎这种缔合是由神经元组成还是由集成电路组成。所以,不要想当然地做出电脑赶不上人脑的断言吧。随着电脑和复杂程度赶上人脑,它一定会具有人脑的所有功能,包括直觉和我识。

当然,电脑今后的发展不会一味模仿人脑。比如说,人脑的神经脉冲传递是电过程和化学过程的结合。在神经元内是电信号,在两根神经元之间转化为化学信号。电脑当然不会模仿这种低效的繁琐的办法。又比如,一个人的大脑活动与身体密切相关,吸毒、吸烟为什么会上瘾?就是因为它们产生的信息素在大脑中产生了快感。电脑想来也不会建立这种联系。总之,未来电脑不会再现逼真的人脑,但"非不能也,乃不为也",如果仅仅考虑可能与否,那回答是肯定的。

人工智能为自己设计一座城市

电脑肯定能赶上人脑。那么，它能超过人脑吗？人类大脑的缺陷之一在于它的有限容量。人类大脑中，140亿个神经元组成了极为复杂的立体网络。不少科学家断言，人脑的潜能还远远没有用完。尽管如此，它的容量毕竟是有限的。但人脑增大的过程已达到极限（人类婴儿头颅的大小已是女人骨盆的最大尺寸，以致人类在进化中不得不选择一个折中办法，让婴儿在未发育成熟时就出生，出生后再把大脑长足，这在动物界中是绝无仅有的）。我们虽不能断言在今后的进化中大脑不再增大，但至少可以肯定，它的增大是极为有限的，赶不上科学发展的需要。

缺陷之二，人类神经脉冲的传递十分缓慢，其中最快的髓鞘神经元脉冲，其传递速度也不过100米／秒，比起约30万千米／秒的电波速度实在不可同日而语。

第三点，人脑的学习是间断的，即使如爱因斯坦的大脑，也会因肉体的死亡而报废。新一代科学家只能从0开始，重复老一代人的学习过程。一代一代，这是多大的浪费！第四点，难以在人脑中做到完全的信息共享。人脑中信息的输入是依靠眼、耳、鼻、舌、身等感官从外界摄取，其效率实在太低！在电脑中一个10GB硬盘的拷录是几秒钟的事，但若想向一个人灌输这10GB硬盘中的所有内容，请想想这该是多么艰难的过程吧……如此等等。

说到这儿，我们应该骄傲了：先天缺陷如此严重的人脑，经过一代代锲而不舍的努力，竟然使人类达到今天的科学昌明，甚至创造了比人脑还聪明的电脑，这是多么难能可贵！

玩笑归玩笑，人脑的致命缺陷确实存在。在人类社会早期，这些缺陷还不太明显，现在则可以看到它的影响了。今天，人一生中学习阶段拉得越来越长，小学、中学、大学、硕士、博士的学习时间占到人生的1／3。如今的科学家中很难找到像伽利略、牛顿、罗蒙诺索夫这样的全能者，因为每个专业的知识就够一个人学习一生了！而失去统观大略的科学大师，科学的发展就很可能迷失方向。

电脑呢，它们几乎具有一切优点：近乎无限的思维速度，近乎无限的容量，无限的信息共享性。至于创造性、直觉、灵感这类东西，早晚它们也会具有的。电脑中会产生爱因斯坦、牛顿那样伟大的科学家吗？何止如此！我们不妨再回头看看蜜蜂社会，具有可怜智力的蜜蜂个体以复杂方式缔合起来后就会产生智力的飞跃，那么电脑呢？无数智力超群的、信息无限共享的电脑个体通过网络缔合在一起，会产生什么？

不是能否产生电脑科学家的问题，而是将产生一种高层面的整体智力。我们不妨称之为超智力，或第四级文明。这种高层面的文明将超出人类的理解力，即使爱因斯坦、牛顿那样的天才也不行。正像最聪明的蜜蜂也无法理解人类的科学、思想和感情。

真不愿承认这一点，但是，只要我们不背叛人类的理智，遵从人类的逻辑规则，那么上述结论就是必然的。

机器人手中握着宇宙吗

257

反方：谁能代替人

不论是在科幻小说中还是在现实生活里，人类都仿佛对人工智能有着期许和恐惧的双重心理。卡斯帕罗夫跟电脑比赛象棋，说到底不过是为了证明人脑的优越。自从卡氏输给"更深的蓝"之后，人工智能仿佛对人类大脑形成了某种威胁。在科幻作品当中，电脑征服人类、毁灭文明的描写更是比比皆是。当然，从个人来说，我们都不用太担心在有生之年看到世界末日那恐怖的一幕。某人在大学里的毕业课题就是很好的理由。这个课题是制造一个被称为"送料机器人"的人工智能机器，它会从地上捡起东西来乱丢。东西砸到人身上很疼，但不像要毁灭世界的样子。这么一个金属和塑料组成的活宝，不会说话也不会下棋，就花费了大量的金钱和一个研究室半年的时间，让设计者现在想起来还头疼。可见要制造出电影《终结者》中"T-800"那样的机器人或者《黑克帝国》中的终极电脑"母体"，绝对不是人干的活。

话虽这么说，人工智能毕竟在赶超人脑。它会不会与人脑越来越相似，甚至最后取代人类的智能呢？这是个科幻小说的题材，也是人类关心的课题之一。

人工智能与人类智能，或者简单地说，电脑与人脑的相似性有多大？今后又会接近到什么程度？这个问题比尔·盖茨给出过答案。他认为电脑是一种新的智慧生命，或者至少将进化成为新的智慧生命。关键是"进化"这个词。电脑将向什么方向进化？以后电脑会不会自我繁殖，会不会具有感情，会不会形成独立的社会？最重要的是，这种新的智慧生命会不会取代人类？

这个问题可以换种提法：人工智能是否将发展到完全与人类相同？

因为科幻小说中曾经热烈地讨论过这个问题，所以我们先从科幻小说中寻求论据。系统描述和分析过人工智能的科幻作家首推艾萨克·阿西莫夫。他的"机器人三定律"甚至是今天机器人学的基础之一。

在阿西莫夫的一系列小说中，机器人充当了非常重要的角色。从《钢窟》开始，机器人丹尼尔·奥利佛上场。这是阿西莫夫着意刻画的一个典型形象。

直到《基地》系列小说的最终，寻找"第二基地"的探险队飞到月球，发现了丹尼尔·奥利佛，他仍然扮演着人类文明守护者的角色。这时的奥利佛已经两万岁了。从《钢窟》时代到第二帝国时代的黎明，两万年的漫长岁月中，他一直忠心耿耿地帮助人类度过难关，走向由伊莱贾·巴雷、汉·法斯托尔弗和哈里·赛尔顿等一代代人类英雄所指出的光明世界。

丹尼尔·奥利佛体现了阿西莫夫对理想的机器人的看法，他的行为中含有忠诚、坚忍、无私等等崇高的元素，但这种闪光只是上述那些人类英雄身上的光辉的折射。丹尼尔·奥利佛从某种程度上来说是有感情的，他承认在见到老朋友时，"电路更加畅通，思维更加清晰"，但他的感情严格地服从"机器人三定律"。阿西莫夫考虑问题的出发点是客观和冷静的。在制造出一种新的、强大的工具之前，人类必然先制定规则以保护自己的利益。这种规则就制约了该工具的发展。也就是说，人工智能的进化方向肯定是人类为它规划好的。至于所谓科学狂人制造出毁灭人类的电脑的故事，那纯粹是好莱坞的电影剧本。

人工智能无论如何强大，它首先是人类的工具。至于它是否会进化为生物，我们必须看一看所谓生物的定义。约定俗成的、必须具有以下四个特点的物体才能被称为生物：第一，应激性；第二，新陈代谢；第三，生长发育；第四，繁殖能力。要制造出这样的机器生物当然不是不可能。科幻作家柳文杨的科幻小说《神奇蚂蚁》中，机器蚂蚁除了没有"生长发育"的能力外，完全具有生物特点。但它们是被人设定了程序的机器，它们的繁殖并非出于生命本能。为了在不适于生存的外星球采矿、建设基地等目的，我们很可能会制造出能够自我复制、具有一定智力的机器人，但它们永远是工具。

人工智能与人脑之间的区别究竟有多大？首先，人工智能（在某一方面）比人脑的功能强大，就连普通PC机的记忆能力和信息处理能力都会令我们惭愧；其次，人工智能比人脑稳定，它不会感冒发烧，不会因为跟女朋友分手而罢工；还有，人工智能进化比人脑快，关注个人计算机市场的人对此定有体会。另外，人工智能还有许多优点是人脑比不上的。但到目前为止，

259

它还远远没有达到威胁人类生存的地步。

人脑中包含有1000万个神经细胞和9000万个支持细胞，这比计算机的元件多得多。人脑中的每个细胞都与我们尚不清楚的大量其他行为相关联。计算机元件只是一个开关，而脑细胞中含有几百万个复杂大分子，具有当今科学尚不清楚的内部功能。文学、艺术、科研等等领域仍然是人脑的天下。音乐家、作家、发明家、科学家这些职业，必须用到某些未知的思维过程，我们称之为"直觉""洞察力""想象力""幻想"以及其他类似的能力。现在，计算机还不能介入这些领域。

当然，设计并制造出具有人脑特点和功能的计算机只是时间问题。科学家已经在制造"硅神经元"，一种类似集成电路，具有真正的神经细胞功能的人造神经元。它能够操纵离子电流，产生神经脉冲。某些人还试图把硅神经元合并为微芯片，再把芯片联系起来，模拟人类大脑。这就是马文·明斯基提出的"神经网络"。与普通计算机处理问题的线性方式不同，神经网络计算机可以把一个问题分成许多部分，分派给更小的处理系统，它们之间是相互联系的。这种计算机制造出来以后，将很快能模仿人脑。

那么说，计算机是不是就能完全与人脑相同，并取代人类了呢？这要看有没有必要，和人类自己愿不愿意。

一个简单的例子是正在国内普及化的汽车。汽车（还有其他交通工具）比人腿的功能强大得多，也比人腿结实。但人类的腿并没有因为汽车出现而退化，汽车也没有在奥运会的百米跑道上和人类运动员角逐。重要的是，汽车是一种工具，它在某个单一方面可以比人类更好地完成工作，但它永远不能取代人类某一肢体、某一器官的所有作用。人需要汽车在最短时间内把自己送到目的地，但在散步时、登山时、跳舞时，汽车是没有用的。没人发明会跳舞的汽车，因为跳舞是一种享受，不必交给机器去做，而且在舞蹈这件事中，包含了人类的某些基本价值，如健康、活力、美和激情等等。我们要注意的是，别把大脑神化。大脑说到底也是人体的一个器官，如同眼睛一样。电脑在某些领域分担人脑的工作，就像汽车分担了人腿的工作一样。人类没有傻到用轮胎换掉自己的双脚,也不会让电脑取代自己的大脑。毕竟,这个世界是人类在管理,无论汽车和电脑都是我们制造的,游戏规则也由我们来制订。人工智能将在何种程度上模仿人脑也是我们规定的。人类文明没有被汽车毁灭,同样不会被电脑毁灭。

乐观者认为,人赋予机器智能,也能掌握这种智能

有人说,电脑的错误曾使银行蒙受巨大损失,而且,有台下棋电脑还用电流杀死了与它对垒的人类。难保没有那么一天,电脑会集体罢工,或者造我们的反。对此要做出冷静地分析,就会发现无论是银行里的电脑还是下棋的电脑,它们犯的错误归根结底是人类让它们犯的。犯错的是人,编制程序的人或使用电脑的人。

每天都有人死于车祸,而我们并没有说:"汽车正在造反!"受到责备的都是肇事的司机。不是吗?

所以从这些事情中得到的结论,就是人工智能不会最终取代人脑,也不会完全模仿人类智能。这并不是在技术上不可能,而是人类不会允许。

关于人和人工智能孰优孰胜的问题还在争论中,我们看到的,是从此伸向无穷远方的一条道路。答案需要自己去寻找,需要自己去解答。甚至,答案都是不重要的。有一天,这些问题会变得如同今天的自来水龙头结构一样明白、简单,但是,那种对未知的向往、探求,那种对人生和宇宙的思考,将永远是可贵而有价值的!

仰望星空,是为了更清晰地俯瞰大地。深入宇宙,是为了更清醒地认识人类自我。我们的飞船已经准备就绪,我们的宇航员也已整装待发,人类没有任何时候像今天一样充满信心:我们将走进太空,开拓新的文明疆域。

人啊,你真的准备好了吗?

另类思考虚拟现实将带人类去何方

1968年,计算机图形学之父伊凡·萨瑟兰和学生鲍伯·斯普劳尔在麻省理工学院的林肯实验室研制出世界上第一个头戴式显示器(HMD),萨瑟兰将其命名为"达摩克利斯之剑"。

采用阴极射线管作为显示器的HMD能跟踪用户头部的运动,戴上头盔的人可以看到一个漂浮在面前,边长约5厘米的立方体框线图,当他转头时,还可以看到这一发光立方体的侧面。人类终于通过这个"人造窗口"看到了一个物理上不存在的,却与客观世界十分相似的"虚拟物体"。这个简陋的立体线框让人们产生一种幻觉,似乎距离一个美丽新世界仅有一步之遥。

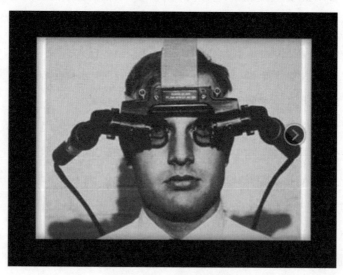

世界上第一个头戴式显示器

现在，头戴显示器是这个样子

有句话说得好，人们总是高估某项技术的短期效应，而低估了其长期影响。

科幻小说《真名实姓》和《神经浪游者》中的赛博空间并没有很快实现。新千年来了，新千年走了。移动互联网的浪潮汹涌，将所有人的目光凝缩到掌上屏幕的方寸之间，我们无所不知却又无比孤独，借助科技的力量我们似乎具备了无数可能性，然而现实又将我们牢牢锁在一道窄门内。

智能手机上的应用软件越来越多

由古至今，无数哲人、文人与科学家都在追求"真实"的道路上前仆后继，无论何种角度流派都无法回避这样的事实：即我们对于真实的认知建立在人类感官的基础上，即便纯粹抽象理念上的推演，也无法脱离大脑这一生理结构本身的局限性。

中国科普大奖图书典藏书系

那么随之而来的问题便是，当我们可以借助技术手段模拟、仿真、复制、创造外部世界对人类感官的刺激信号时，那么是否意味着我们创造了一个等效的"真实世界"。而在这样的世界里，人类变成了制定规则的上帝，所有伴随人类进化历程中的既定经验与认知沉淀将遭受颠覆性的挑战。我们将重新认知自我，重新认识世界，重新定义真实。

当然以目前的技术发展水平，我们距离《黑客帝国》式的终极虚拟现实还有相当距离，但不妨碍我们打开脑洞，去想象这项技术即将或已经在各个领域带来的革命性变化。

电影《黑客帝国》展示了由程序和代码编写虚构的世界

一次媒介革命

从手抄本到印刷术，到电台，到电视，再到电脑以及互联网，每次媒介形态的革命都将带来翻天覆地的范式转变。

首先是信息传播与接受的模式产生改变。无论是语言、文字、图像或者字符串，都可以视为信息的一种转喻，以此来替代、描述、解释我们对于世界的观察、理解与思考。而到了沉浸式的虚拟现实环境,信息的呈现形式由二维进入了三维,由线性变成了非线性,由转喻变成了隐喻。

我们试图通过对现实的模拟来实现信息的回归,即符合人类与外部世界认知交互规律的一种体验,它不是全新的,但却在相当长一段时间内被电子时代的媒介所忽视,它便是临在感。计算机图形领域的大师迈克尔·亚伯拉什这么说过:"临在感将VR与3D屏幕区分开来。临在感与沉浸感不同,后者意味着你只是感觉被虚拟世界的图像环绕。临在感意味着你感觉自己置身于虚拟世界之中。"

打个简单的比方,当你看一场NBA比赛时,你不再只能看滚动的文字直播,或者是从二维屏幕里由给定机位所拍摄到的视频画面,而是仿佛自己置身于篮球场最为黄金的VIP座席,可以任意扭头去看场上的任何一个细节。你可以像一个无形的幽灵游荡在球场上,球员从你身边掠过,快速出手、传球、上篮、盖帽,球鞋与地板的摩擦声、手拍打篮球的撞击声、球员与观众的呐喊声,以精准的音场定位从四周环绕你,甚至你能闻到汗水、爆米花和拉拉队员的味道。

虚拟现实技术将火星带到身边,感同身受

这便是虚拟现实与以往所有媒介形态截然不同的原因,它将每一个人"带回现场"。多自由度、多感官通道融合所带来的信息刺激,将为大脑营造出极近真实的幻觉，它将可以放大并操控每一个人的情绪反应与感官体验。

虚拟现实游戏使游戏的真实感更加强烈，虚虚实实，将无从分辨

想象一下，当所有二维的屏幕都被虚拟现实所替代之后，我们不再是那个被隔离在内容之外的观看者，而是参与者、体验者。你将可以亲临每一场重大的体育赛事、在舞台上看着自己的偶像舞蹈歌唱、和星战中的绝地武士一起厮杀作战、体验从一场恐怖袭击中劫后余生，甚至可以毫无危险地穿行在火星的巨大红色尘暴中。

所有的说书人都需要学习掌握新的叙事语法，不再有给定机位和镜头，不再有120分钟的时长限制，不再有封闭式的故事线，一切都是自由的，开放的，不确定的，将探索的权力交给受众，却把更大的难题留给自己。

再延伸到其他相关领域。孩子们可以在家里接受全世界任何一门课程，感觉却像置身于教室中与老师和同学深入互动。工作的形态也将发生巨大颠覆，虚拟现实可以带来视频会议所无法提供的临在感，解决了远程协作中人与人之间的认知与情感障碍，上班的定义将被改写，不再需要寸土寸金的办公室，取而代之的是任意订制的虚拟工作空间。

大部分基于空间与位置稀缺性的商业逻辑将不复存在。

重塑具身认知

没有身体的虚拟现实体验如同游魂野鬼飘荡在世间。

从认知科学角度讲，身体归属感、涉入感以及（身体随处）态势感知都是自我意识的重要组成部分。第一次进入虚拟环境的人后，往往会惊叹于其真实性的同时却因为无法看见自己的身体而惊慌失措，甚至蹲在地上不敢迈出半步。

这也是为什么在虚拟现实中最终决定真实感与沉浸感的，是对于头部动作追踪的精确性，以及对身体动作捕捉的低延迟。当你看到自己的手指在空中拖出一条未来派风格的余晖时，大脑必然会响起"这不真实"的红色警戒信号。

而一旦我们创造出与真实身体完全同步（低于大脑所能觉察的最低延迟）的数字化身，也便是意味着虚拟现实进入了一个全新的阶段。我们将得以借由探索具身认知重塑人类对于自身与世界的看法。

在传统的二元论观点中，心智与身体是彼此分离的，身体仅仅扮演着刺激的感受器及行为的效应器，在其之上存在着一套独立运行的认知或心智系统。计算机的硬件与软件系统便是最好的隐喻。然而在过去30年间的神经认知科学表明，认知是包括大脑在内的身体的认知。身体的解剖学结构、身体的活动方式、身体的感觉和运动体验决定了我们怎样认识和看待世界，我们的认知是被身体及其活动方式塑造出来的。它不是一个运行在"身体硬件"之上并可以指挥身体的"心理程序软件"。

这个人借助虚拟现实技术玩得正欢，也许下一代就是"自嗨"的一代

　　认知、身体、环境是一体的，认知存在于大脑，大脑存在于身体，身体存在于环境。彼此镶嵌，密不可分。

　　而在虚拟现实里，我们得以通过随意操控身体与环境来改变人的认知。

　　借助著名的"橡胶手错觉"实验的VR版本变形，我们能够在真实身体与数字化身之间通过多感官通道融合刺激来建立起强烈的身体归属感，也就是说，接受欺骗的大脑相信数字化身与肉体是同一的，肉身疼、化身疼，化身灭、肉身也将随之遭受伤害。

　　我们可以以此来治疗幻肢疼痛、创伤后应激障碍、各类恐惧症及自闭症，通过毫无实际危险的虚拟暴露疗法来缓解症状。我们可以改变主体的性别、肤色、年龄、胖瘦，让他们通过观察不同的自我来实现认知上的改变。我们可以让大人变成小孩，让小孩变成巨人，他们将不得不调整对于外部空间尺度的认知，这种运动惯性甚至会被带进真实世界。我们甚至可以将人变成其他的物种，甚至是虚构的物种，他们将不得不适应全新的运动方式以及视角，从异类的眼光看待这个世界。

　　我们还可以制造通感，混淆不同感官信号所对应的刺激模式；我们还能让灵魂出窍，穿越濒死体验的漫长发光隧道，甚至彻底打破线性时空观的牢笼。

　　所有这一切，都将强烈地冲击撼动我们原本固若金汤的本体感，或用佛教术语曰，"我识"。

　　当每一个个体的我识产生变化时，整个社会乃至文明的认知都将需要重新树立坐标系。未来将变得不可预知，甚至面目模糊。但那肯定是一个全新的未来。

　　资料可穿戴电脑

　　可穿戴电脑促成了一种新的"以人为本"的人机交互方式，这种交互方式由微型的、附在人体上的计算机系统来实现，该系统总是处在工作、待用和可存取状态。可穿戴电脑采用多通道传感技术，结合计算功能可使人的感知能力得以增强，还可主动感知穿戴者的状况、环境和需求，自主地做出适当响应，起到"代理"或"仆人"的作用，使穿戴者迅速获取相关信息，即便穿戴者自己并没有刻意这样做。因此，它弱化了"人操作机器"，而强化了"机器辅助人"，实现了从"人围着计算机转"到"计算机围着人转"的转变。本质上来说它实现了人机的紧密结合，使人脑得到"直接"和有效的扩充与延伸，增强了人的智能，从而使"电脑"一词名副其实。

手机也可以戴在身上

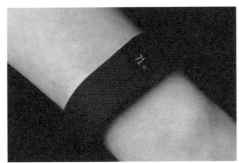

智能手环

智能眼镜

尾声　告别地球

在月球的宇航基地，可以看到更多数目和形状的航天器，它们密密麻麻集结在地球与月球间的几座太空城市旁，随时等待着出发命令。它们中有直径数十千米的庞大移民专用飞船"亚洲号"，也有如家用轿车般体积的无人驾驶飞船"蜂鸟号"，有采矿船，科学考察船，观光游览船等等。但它们中只有少数几种类型可以在地球上降落……每天，从月球，从火星，从木卫四，从太阳系四面八方传来的新闻在电视里滚动播出；人们关注移民机构在南门星座，在天马星座所进行的建设；十几个探险队时刻为地球送回几百万平方千米的星际资料。这是个激情时代，人类的平均寿命已延长到150岁，人类涉足的星球已达700多个……每每想到正有千百万人在他头顶的各个星球上忙碌，正有许多航天器在星球间穿梭，欧雷就按捺不住激动兴奋的心情，同时更为不能上天而懊恼！

凌晨《深渊跨过是苍穹》

无数科幻作品中，出现过类似上文中的描写。科幻作家们将人类大宇航时代的出发点锁定为21世纪。壮丽雄伟的太空航行，激情澎湃的星际移民，将交织出一曲人类文明拓展的交响乐！在21世纪的初年，让我们从现实眺望未来，憧憬人类文明的前进，倾听大宇航时代脚步的临近。

大地，无比辽阔。

比大地更辽阔的，是浩瀚无垠的星空。

比大地和星空更为辽阔的,是人类充满幻想的心灵。

早在远古,人类的祖先已把目光投向神秘的天门,那也许是因为人类自产生伊始,就被束缚在"有限"里:有限的活动空间、有限的生存时间、有限的视听范围、有限的文化知识……

对有限的永不满足,使人类作为一个种族不曾敢夜郎自大。他总是在奔跑着,一次又一次地挑战自我,从未停止过突破自身有限的努力,哪怕为这努力付出血与汗乃至生命的代价。在世世代代的传承中,追求无限这一目标被铭刻进了人类的历史。1765年,瓦特改良出世界上第一台蒸汽机;1807年,富尔顿发明了轮船;1814年史蒂文森制造了火车;后来,富兰克林发现了电,爱迪生发明了电灯……这一切努力换来的,不仅是西方国家的工业革命,更是以前所未有的速度和令人难以想象的力度迅猛改变的世界。

历史证明,科学技术的每一次重大变革,都会引起生产力的突飞猛进,从而影响到社会结构的变化,包括社会体制、道德观、价值观等。正是有了近代以来科学技术的突飞猛进,20世纪的下半叶,人类"向宇宙进军"的夙愿终于成为现实。告别地球、进入太空,是人类走出有限,迈向无限过程中的一个重要里程碑。

这一历程中,科学技术将起到决定性的作用。

近百年来,随着科学技术的发展,人类对天体的研究由太阳和太阳系逐步扩展到恒星世界、银河系、河外星系和星团,并触及宇宙的结构和演化。类星体、脉冲星、微波背景辐射和星际分子的发现,以及人类登月的成功,都预示着人类挣脱地心引力的宇航时代的临近。

自人类诞生以来,还从未像现在这样与地球外的世界如此亲密接触。

宇航时代给人类幻想的心灵插上了现实的翅膀。当星星离我们越来越近时,我们的疑问却越来越多:茫茫宇宙中,人类还是孤独的吗?未来的人和人类社会将是什么样的?我们是谁?我们来自何处?我们又将向何处去?

人类的活动深刻改变着地表

一位诗人曾经说道：大自然的雄伟壮丽是无边无际的！

宇宙与人类的关系亲热而又冷酷，矛盾而又统一。人类渴望研究宇宙，参透它的奥秘；人类也渴望描绘大自然，表现它的美丽。

但亿万年来，即便是在航天器已成功挣脱地心引力飞入太空的今天，那尘封的神秘天门仍然也只是为人类开启了窄窄的一线。

谁能判定我们在宇宙中该处于何等位置？

在更为深入地了解宇宙以后，人类不再认为自己天生就比其他物种来得高贵，而将自己放在更为客观的位置上。我们俯视众生，包括自身，把自己当作自然的平常一部分。

作为一个独立的人，生命的意义是体味生活；作为群体的人，生命的意义是创造文明。

人类从产生至今，已经建立起高度的文明，获得了无数的"已知"。不过，等着人类去探索、去开拓的"未知"却还无穷无尽。科学永远依存于未知，永远离不开对未知的探索。宇宙正是由这许许多多的未知汇聚而成。依然藏藏在神秘天门背后深处的未知，是否更像驱动人类继续为科学发展、为文明进步去不懈努力的鞭子？

是宇宙选择了人类，也是我们人类选择了自身。探索宇宙，是出于对自然的敬畏和热爱，更是人类自身发展的需求。

人类的自身发展与活动领域密切相关。假若把陆地称为人类活动的第一个领域，把海洋称为第二个领域，把大气层称为第三个领域，那么空间就是人类活动的第四个领域。人类的活动领域，经历了从陆地到海洋，从海洋到大气层，从大气层到宇宙空间的扩展过程。每一次扩展，都是人类认识自然和改造自然能力的一次飞跃，社会生产力因此得到了极大发展。人类的活动领域从陆地扩展到作为全球通道的海洋，就促进了18世纪下半叶开始的以工业化为特征的产业革命。人类活动领域继续扩大到大气层后，国际交往密切了，世界贸易得以促进，人类发现要从全球观点去解决个体社会的发展问题。而今，人类活动领域已经扩大到了外层空间，人类开始利用和开发空间蕴藏的极其丰富的资源,并且学习着开始从全宇宙的观点来思考问题。

那最重要的问题就是:我们人类,怎样在这无限的宇宙中生存下去?

地球上可以供应人类使用的资源毕竟有限。很难设想,如果没有资源,人类将怎样生存和发展。

这个问题,只有在人类进入了地球轨道和外层空间,对许多未知领域的认识产生了质的改变之后,才可能有解决的办法。资源不仅仅是某种形态的物质,而是包括环境和条件在内的复杂体系。空间资源对于人类的未来发展至关重要。

空间资源是人类的共同财富。历史正推动人类去探索和开发这一辽阔的疆域,谁有能力开发利用它,谁就受益良多。在空间这片没有国界的"疆土"上,机会均等、资源共享,就看谁有本事,这是真正意义上的公平竞争。大规模开发空间资源,已成为世界上各国航天活动的主旋律。

21世纪已过去十几年,这是航天科技将飞速发展的世纪。进入太空,可以利用地球上不具备的、太空中特有的微重力、高真空等特点,为人类生活服务。把一些在地面上制造比较困难的物品搬到天上,太空特殊环境会使这些问题迎刃而解。此外,利用太空特殊环境使遗传发生变异,人类也许可以创造出许多在地面上想做也做不了的东西。从这个意义上讲,载人航天为科技的发展搭出太空这个平台,将可能使各行各业的人想方设法地利用太空进行自己的研究,从而为人类的未来建造出更加伟大的文明。

利用空间进行商业化活动,这是人类文明发展的必然趋势。空间商业化的前景不仅是人类的向往,而且是人类征服空间、利用空间为自身服务的必然趋势。随着科学技术的不断发展,航天活动势必越来越频繁。广阔无垠的宇宙空间将成为人类活动的新疆域。火箭、人造卫星和其他所有能在地球大气层以外空间飞行的航天器成为人类现代航天活动的工具。这种飞出地球去的努力,体现了人类科技的最高水平和非凡的创造力,也对人类的社会生活产生了更大影响,改变了整个世界的面貌。

划破太空的航天器像一把神奇的钥匙,将为人类开启蕴藏丰富宝库的大门。我们可以预测,在人类探索宇宙和征服宇宙的过程中,当代科学的基本问题,如物质构造、宇宙的形成和演化,以及生命的起源等,都将逐步得到答案,从而使人类对自然的认识提高到一个崭新的高度。航天活动将促使人类从太空去重新认识自己的地球家园,重新认识地球空间、太阳系、银河系以至整个宇宙。

自古以来,中国人就对宇宙充满着强烈的渴望与梦想。相信很多中国人都曾有过一样美妙的童年回忆:夏夜星空无限美丽,而孩子们仰望星空时,老人们也许就会娓娓动听地为他们讲述起天河两岸牛郎织女的故事,或者遥指一轮明月,引他们在习习的凉风中寻找月亮上的桂花树和玉兔……

千百年过去了,我们的祖先曾久久期待的那扇神秘宇宙之门,终于向中国人打开。

21世纪以来,中国载人航天工程越做越热闹,越做越有劲头。中国已经有了14位上天的航天员。中国的空间站、探月计划、火星计划也都在按部就班有条不紊实施中。中国人开发外太空的脚步越来越快了。中国载人航天的时间表,应该说是早在"神舟一号"升空的那一瞬就已经启动。13年过去,到2016年"神舟"飞船的再度腾飞,我们的航天事业由此也开创了新的历史。"中国打造"的登天英雄越来越多,中国载人航天能力越来越强,这对人类的航天事业来说,无疑是意义深远的。

人类共同拥有一个地球,同时人类也共同拥有地球上的这一片蓝天。人类必将谱写开发利用外层空间的壮丽史诗。

275

人类的历史,与地球和宇宙的历史相比,只是短暂的瞬间。人类在经历了石器时代、铁器时代、工业时代后,行进到了信息时代,这也是宇航时代的开端。我们相信,科学技术的不断完善,会使我们在度过超信息时代、宇航时代之后,最终进入大宇航时代,那也是宇宙繁荣昌盛、和平共融的时期。人类的历史,必然是宇宙历史中最为精彩、辉煌的一部分。

在全书结束之际,重新回首航天史上那些令我们激动不已的时刻,我们仿佛又听到国际空间站上的宇航员们对地球的誓言：

"我们这些宇航员在一起将创造更多的和平、财富，而不是竞争。我们将建筑一条通向未来的桥梁，合作使它巩固。我们在一起可能会没有意义，可能会无所建树。但我们的子孙会抵达那遥远的星球，新世界在那里等待着他们。

我们的发现，将决定我们在宇宙中的命运。依赖于机器和人的合作，我们探索人类在新环境下的生存，不仅仅是为了满足好奇心，更是要为了在宇宙中争取人类的立足之地。"

正如这些宇航员们所说，迟早有一天，人类将会摆脱地球引力的束缚，冲出地球母亲的怀抱，自由来往于广漠无垠的宇宙之间。到那个时候，地球将成为星级文明的发源地……

人类，是宇宙最大的光荣！

人类的足迹，有一天将踏遍银河（喻京川 绘）

后记 瞻望与回顾

当我们还在孩提时代，偎在妈妈或奶奶的怀中，仰望着夜空时，也许都会提出"天上有多少星星""我能上月亮去么"之类的问题。有史以来，深邃的星空永远是人们最神往的地方。有多少文学家和科学家都为之倾倒，前者为我们留下沁人心脾的诗篇，后省则探索着登天之路。

宇宙的奥秘纵使穷尽一代又一代天才的终生探索，也难以全部弄清。通向星空之路更是遥远和充满风险。可贵的是，人类不但会做美丽的梦和进行奇妙的想象，而且具有变梦想为现实的决心、信念和能力。正是这种无畏精神，推动了人类文明的前进。依靠无数先驱者的毕生努力与牺牲，宇宙奥秘正在一步步被揭露，登天伟举也一步步变成现实。特别从1957年起，人类终于挣脱了地心引力的束缚，进入了太空。现在正处于"冲出摇篮，跨进苍穹，叩击星门"的关键时代！这一切努力不是为了炫耀自己的能力，完成自己的梦想，而是为了探索真理，开拓境界，让人类文明进入全新的广阔无垠的领域。只有进军宇宙，人类的视野和胸襟才会开阔，认识的局限性才会克服，宇宙观和方法论才会更向真理接近。

中国是文明古国。我们的祖先是研究飞行技术和探索宇宙奥秘的先行者，做出过巨大的贡献。但近两百年来，这方面我们却可悲地落后了。新中国的建立和改革开放重新给了中国以腾飞的动力，中国航天人发扬自力更生、艰苦奋斗的传统精神，终于在2003年10月15日完成了历史性的突破——"神舟五号"飞船载人飞行成功，中国从此成为继美国、俄罗斯之外

277

的世界航天第三大国。有10多亿聪明勤劳勇敢人民的中国,今后必是独擅风骚的航天大国,会涌现出大量的航天科学家和宇航员。但这目的还有待通过向全国人民特别是青少年们普及宇宙和航天知识、激发起他们的热情和兴趣才能达到。

在迈进21世纪之时,一个偶然的机会使我们这些想为中国科普事业做点事的人聚到一起,于是就有了一个共识:要写一部真实展现当代宇航技术发展,瞻望宇航前景的生动可读的科普书籍。参与本书写作的作者有中国科普作家协会及北京科普创作协会中的著名科普作家,也有活跃在现今中国科幻文坛的中青年科幻作家,还有中国科学院、中国工程院、航天工业总公司以及清华大学、北京大学的资深科学家与航天技术专家。经过大家共同努力和多次讨论修改,这本书终于落实成为现在读者看到的样子。本书可以说是尝试溶科学知识与人文文化于一炉的崭新成果,是中国的科普作家、科幻作家和科学家首次携手合作,作为这种高水平合作的结晶。这本书里没有过多的技术细节,更多的是描述人类航天事业的发展过程,并提出了许多关于航天未来的悬念和问题。但愿这种形式能引起读者尤其是青少年们的思考,激发更多人探索科学真理的热情。

从另一方面来讲,我们也希望能够由此给读者们一些健康有益的精神食粮。这个任务恐怕也像航天事业一样非常艰巨,单就我们自身的力量,所能为图书市场造就的影响也许很有限。但我们愿意做啼血的杜鹃,不懈地努力下去,"不信东风唤不回",我相信这同样是一件意义重大的事情。

最后,我在此对那些为本书付出心血与努力的朋友们表示衷心的谢意,特别是要感谢喻京川与金霖辉两位太空美术画家为书中部分内容绘制了精美插图,并且感谢《大众软件》杂志和主编汪岱先生的支持,以及参与本书排版的几位美工。

另外,出版社把社会效益放在第一位,全力支持出版本书,这尤令我们感佩,依靠他们的支持,这本书终于能够呈献在读者面前。如果读者您阅读后确能感到稍有收益,稍得启示,有所思考,那我们的一切辛苦就得到了最高的报偿。

潘家铮

再版后记

　　《宇宙的光荣》是一本奇书。它的庞大的编著团队，在2004年就是不可思议的奢侈组合，在今天更是再无可能的奇迹：主编之一的潘家铮和顾问之一的李元先生已经作古，主创之一的柳文杨也英年早逝；顾问之一的袁家军先生则离开了中国空间技术研究院从政，由科学家变成了政府官员；另一位顾问著名科普和科幻作家金涛先生，在笔耕不辍多年后，成为中国科普作协首届"王麦林科学文艺创作奖"得主；主创时还在美国的李世亮，现在则是研究员，中科院物理研究所的超导专家……其他主创也都工作繁忙，再难像当年那样聚在一起，合写从科普出发，采用科幻的思维方式来书写人类离开地球远征宇宙历程的《宇宙的光荣》。这些主创人员中，有声名享誉海内外的科幻作家韩松、刘慈欣、王晋康、潘海天、杨平、阎安、于向昀、朱俊飞、唐风，也有扎根科学研究的学术专家邹广瑞、李晓航、姜哲、欧阳鑫，还有著名科普作家汤寿根、李建臣、沙锦飞、张江民、陈晓东、白鹤，以及身兼科幻活动家和编辑家的《科幻世界》总编姚海军，科幻影视专家严蓬……这么多科普专家与科幻作家、科学家联手，编写这样一部作品，恐怕也只此一次，没有下回了。

　　《宇宙的光荣》也是一本来之不易的图书。2000年左右，几个科幻迷为了向阿瑟·克拉克的《2001太空漫游》致敬，打算编写一本图书，对比现实中的2001年和小说中的2001年，盘点一下人类的太空科技发展情况，看看小说中描写的哪些技术实现了，哪些设想还仍然只是科幻的想象。这个图书策划案得到了《大众软件》杂志的支持。

当时，在《大众软件》杂志社有三个人与科幻渊源颇深，一个是原《科幻世界》编辑顾文瑾，一个是以后会去《科幻世界》工作的朱俊飞，一个就是我一个业余时间写科幻小说的人。我们三人合计这个事情，加上也是科幻迷的超导专家李晓航，慢慢地就形成了一本《2001：飞向群星》的图书大纲，试图扩展原小说主题的外延和内涵，强调小说中体现的科学批判精神，利用我们能调动的各种资源，编辑出一本有专业性但没有专业门槛的科普读物。

但在实际操作中，我们发现仅仅围绕《2001太空漫游》这本书来做文章，读者范围狭窄了些，最终的大纲更强调人类的太空进程，强调人类对太空的追求和向往。经过漫长的约稿、编辑、排版，这本书最终由阎安在海洋出版社安排出版，那时已经是2004年，图书名字也由阎安确定为《宇宙的光荣》。

时光荏苒，13年后的今天，科幻已经从边缘文学成长为时代先锋的思考方式，受到社会各界的广泛关注，甚至北京的中考语文中都增加了科幻小说阅读。然而，人类的太空进程却没有我们预想的那样迅速。当这本书有了再版机会的时候，我和主创人员们惊喜地发现，我们需要修订补充的最多内容，竟然是中国航天的部分。这13年中，航天飞机退役了，登月仍然只是计划，外星人还没有找到，西方经济的不稳定也影响到了航天事业。而中国的航天，空间站计划、探月工程、火星探测，一步一步稳扎稳打往深空进发，中国人登月指日可待！这令我们深感自豪，也感到《宇宙的光荣》一书在当下仍然有着可读性和前瞻性。

281

感谢湖北科学技术出版社给了《宇宙的光荣》再版机会。我们重新润色了原书文字，删掉了一些过时和滞后的内容，增补了当下航天和人工智能进展的种种内容。力争这本书依然充满灵动思维和跨界思考。年轻的知名科幻作家陈楸帆还为本书的"人工智能"部分添加了虚拟现实的内容，深为感谢。

从《宇宙的光荣》策划到今天，已经过去17年。这是浩瀚宇宙中微不足道的一瞬。能够在有限的时间中思考无限的宇宙，是一种幸福和幸运。愿通过这本书，与读者分享我们的感受，共同亲历人类走向星辰大海的历史时刻。

凌晨

2017年3月

喻京川太空美术作品欣赏

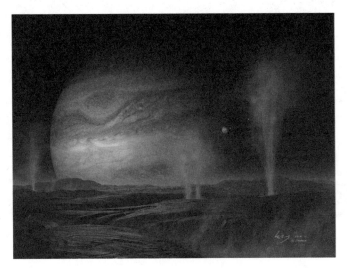

木卫二冰原

天耀星河

鹰巢探幽

黑洞的天空